农产品质量安全应急管理原理与实务

王　艳　　方晓华　主编

中国质检出版社
中国标准出版社
北　京

图书在版编目(CIP)数据

农产品质量安全应急管理原理与实务／王艳，方晓华主编．—北京：中国标准出版社，2018.11

ISBN 978-7-5066-9126-0

Ⅰ.①农…　Ⅱ.①王…②方…　Ⅲ.①农产品—质量管理—安全管理　Ⅳ.①F307.5

中国版本图书馆 CIP 数据核字（2018）第 236414 号

中国质检出版社
中国标准出版社　出版发行

北京市朝阳区和平里西街甲 2 号（100029）
北京市西城区三里河北街 16 号（100045）

网址：www.spc.net.cn

总编室：（010）68533533　发行中心：（010）51780238

读者服务部：（010）68523946

中国标准出版社秦皇岛印刷厂印刷

各地新华书店经销

*

开本 787×1092　1/16　印张 14.25　字数 233 千字

2018 年 11 月第一版　2018 年 11 月第一次印刷

*

定价 48.00 元

编委会

主　编　王　艳　方晓华

副主编　陈永红　薛　鹏　胡　涛

参加编写人员（按姓名音序排序）：

白　玲　蔡彦虹　陈　松　邓　强　邓　玉

胡德凤　黄魁建　姜　斌　雷用东　李　峰

李祥洲　廖超子　仇建飞　孙　月　王　秋

熊罗森　朱　莹　朱玉龙　赵朝东　赵子刚

前　言

“民以食为天，食以安为先”。2013年中央农村工作会议上指出：“食品安全源头在农产品，基础在农业，必须正本清源，首先把农产品质量抓好”；“要把农产品质量安全作为转变农业发展方式、加快现代农业建设的关键环节，坚持源头治理、标本兼治，用最严谨的标准、最严格的监管、最严厉的处罚、最严肃的问责，确保广大人民群众‘舌尖上的安全’”。党的十八大以来，以习近平同志为核心的党中央坚持以人民为中心的发展思想和总体国家安全观，强调确保农产品质量安全，既是食品安全的重要内容和基础保障，也是建设现代农业的重要任务。确保我国农产品质量安全，必须提升农产品质量安全应急管理能力。

农产品质量安全是公共安全的重要内容，也是最基本的民生保障。我国农产品质量安全总体上是可靠的，消费安全是有保障的。但由于现阶段我国农业生产经营较为分散，农产品质量安全监管工作基础相对薄弱，风险隐患仍然存在，确保农产品质量安全的任务十分艰巨。近年来，围绕农产品质量安全的各类突发事件时有发生，已成为社会关注的焦点，稍有处置不当就会引发热点舆情，甚至带来产业损毁、消费信心丧失、政府公信力下降等严重后果。

提升突发性公共事件与公共危机的应急管理能力，是推进国家治理体系和治理能力现代化的必然要求。我国农产品质量安全突发事件应急管理工作起步晚，基础弱，缺少成熟的理论支撑与实践经验。为提升农产品质量安全应急管理科学化、法制化、规范化水平，编者团队力图从突发公共事件与应急管理的基本原理出发，论述农产品质量安全管理的主要特征与突发事件应对的基本要求，梳理应急管理涉及的法律、预案、组织、保障、宣教、管理等体系，结合风险预测、预警和舆情管理的具体做法，提出农产品质量安全突发事件应急处置的基本流程、应急管理评估与优化的基本步骤。本书共分八章，配以插文、图表、案例，帮助读者朋友加深对相关内容的理解和掌握，供从事农产品质量安全应急管理、科研教学、宣传培训等相关工作人员参阅。

本书的编写得到了农业部农产品质量安全监管局、农业部农产品质量安全中心、农业部科技发展中心领导的大力支持。编写组成员既有来自中国农业科学院农业质量标准与检测技术研究所、宁波大学、江南大学、新疆农垦科学院等单位的学者专家，也有来自湖北省农业行政综合执法总队、湖北省潜江市农业行政执法支队、湖北省武穴市农业局等单位的一线资深人员。他们为本书的编撰和出版付出了大量的心血，在此一并致谢！同时，本书在编撰过程中，还参考了相关研究成果，可能未在参考文献中一一列出，在此一并表示衷心感谢和歉意！

因时间仓促、能力有限，加之农产品质量安全应急管理理论与实务研究工作刚刚起步，错漏粗简之处难免，恳请广大读者不吝批评指教。

编　者

2017 年 12 月

目 录

第1章 突发公共事件与应急管理的基本原理

我国正处于经济社会快速转型、管理体制深刻转轨的关键时期，提升各类突发性公共事件与公共危机的应急管理能力，已成为国家治理能力现代化的基本要求。本章重点讨论和介绍突发公共事件的定义、类型、成因，以及处置突发公共事件相关的应急管理、应急预案、应急机制和应急体系等基本理论知识。

1.1 突发公共事件

1.1.1 基本特征

突发事件最鲜明的特征就是它的突发性，“突如其来、出乎预料、令人猝不及防”等。例如，某农场养殖基地“突然”“意外”发生家禽大面积染病和死亡事件。而突发公共事件，主要是“突发”+“公共”，即突发事件的发生范围或影响面较大，甚至会对部分公众的生命、财产、生产和生活等产生直接影响和危害。突然发生，造成或者可能造成严重社会危害，需要采取应急处置措施予以应对的自然灾害、事故灾害、公共卫生事件和社会安全事件。

美国对突发公共事件的定义是：由总统宣布、在任何场合、任何背景下，在美国任何地方发生的，需联邦政府介入并提供补偿性援助，以协助州和地方政府挽救生命、确保公共卫生及财产安全或减轻、转移灾难所带来威胁的重大事件。欧洲人权法院对突发公共事件的解释是：一种特别的、迫在眉睫的危机或危险局势，影响全体公民，并对整个社会的正常生活构成危险。

在《中华人民共和国突发事件应对法》和《国家突发公共事件总体应急预案》这两个法律法规界定的内涵基础上，结合相关学者研究，可以概括为：突发公共事件是指突然发生对社会公众整体或者相当大一部分群体会产生危害或影响（利益或心理），导致或可能导致社会较大范围内出现一种紧急状态的事件，即“公共性+突发事件”。我们可以从以下六个方面来认识和把握突发公共事件①：

（1）突发性

这是突发公共事件最鲜明的本质特性，“出乎预料”“一反常规”“突然发生”“猝不及防”等。例如，2012 年 7 月 21 日至 22 日 8 时左右，暴雨天气袭击了中国大部分地区，其中北京及其周边地区遭遇 61 年来最强暴雨及洪涝灾害，造成一百余人遇难，经济损失超过一百亿元。

（2）累积性

和常规事件一样，突发事件和突发公共事件背后也有发生与演化原理，亦遵循因果等逻辑关系，其往往是各方面风险累积到临界点后，“突然”爆发。例如，2014 年 8 月 2 日 7 时 34 分，江苏省昆山市中荣金属制品有限公司抛光二车间发生的“特别重大铝粉尘爆炸事故”，当天造成 75 人死亡、185 人受伤。

（3）脆弱性

相对于累积性而言，主要分为客观和主观两大方面。客观脆弱性，是指因自然或者客观因素，很难甚至无法阻止、抵御突发公共事件的发生。例如，2003 年“非典型肺炎”（SARS）疫情，人感染禽流感疫情，2014 年 2 月始发于西非的大规模埃博拉病毒疫情等。主观脆弱性，主要是指由于人为的麻痹大意，疏于对潜在风险的感知和防范，甚至主观导致（非故意）造成突发公共事件发生。例如，2014 年 12 月 31 日，上海跨年夜活动“踩踏事故”；2015 年 8 月 12 日，天津滨海新区瑞海公司危险品仓库火灾爆炸事故等。

（4）传播性

当下中国进入了“互联网+”信息化时代、智能互联时代，传统媒体、媒介已开始着重向新媒体、自媒体等转型转换。新时代背景下，从社会学和传播学角度看，突发公共事件一般呈现多渠道传播和具有传播时效上的紧迫性特征等。有研究发现，食品安全事件网络舆情演变过程中，网民之间存在模仿传染

① 突发性是突发公共事件的本质特征，而累积性和脆弱性是导致其发展、发生的重要推手，传播性和危害性是突发公共事件发生后易产生的“放大”效应，而需紧急处置性则主要着眼于各类型突发公共事件的分类研究、总结、防治与消解等。

行为等。近年来，网络群体性事件频繁发生，给我国社会稳定和经济发展带来诸多负面影响。

(5) 危害性

突发公共事件可对自然生态环境造成破坏，使居民生命财产蒙受损失，易引起社会心理恐慌，事关社会和谐和公共安全。除此之外，一些类型的突发公共事件还会对整个产业和国家形象等产生不利影响。例如，2008 年北京奥运期间爆发的“三聚氰胺”奶业危机，不仅使我国奶业遭遇沉重打击，食品出口受到极为严重影响，国际形象受到一定程度损害；而且危机暴露出监管体制上的各种弊端，使得相关部门公信力受到前所未有的质疑等。

(6) 紧急性

由于“突发”“强危害”和“快速传播”等特性，需要紧急、尽快、第一时间应对与处置突发公共事件，以尽可能祛除风险累积，尽可能增强防范意识和能力，尽可能减缓和消解相关事件发生，尽可能将损失减小到最低程度。

1.1.2　类型和成因

按照既有经验，从引发原因上，可以将突发公共事件分为以下三大主要类型：

(1) 自然灾害型

我国位于亚洲东部、太平洋西岸，是一个拥有约 960 万平方公里国土面积，长达 18000 多千米大陆海岸线，56 个民族和近 14 亿人口的发展中大国。地势西高东低，呈阶梯状分布，山地、高原和丘陵约占陆地总面积的 67%，盆地和平原约占陆地总面积的 33%。幅员辽阔，南北相距和东西相距较大等，地形地貌多种多样，再加之地势高低不同，山脉走向多样，气温降水组合各异，因而形成了复杂多样的气候，是中国地理最显著的特征。这也导致中国自然灾害易发、频发，从而容易引起突发性公共事件的产生。例如，2008 年的“5・12”汶川地震，就是一起重大自然灾害型突发公共事件。经国务院批准，自 2009 年起，每年 5 月 12 日为全国“防灾减灾日”。

(2) 人与自然共致型

公共卫生事件就是自然（客观因素）与人为因素共同作用所导致的突发公

共事件。《国家突发公共事件总体应急预案》指出，公共卫生事件主要包括传染病疫情，群体性不明原因疾病，食品安全和职业危害，动物疫情，以及其他严重影响公众健康和生命安全的事件。例如：2003 年席卷我国并对广大居民造成严重恐慌的“非典型肺炎”（SARS）疫情，就是一起典型的公共卫生事件。

（3）人类力量所致型

主要有两种类型：

1）“线下”现实类突发公共事件。按照主观故意属性，可以将人类力量所致的突发公共事件划分为无意和有意两大类。人力无意的突发公共事件，主要有事故灾害等。例如，2015 年 8 月 12 日，天津滨海新区瑞海公司危险品仓库火灾爆炸事故；后经国务院调查组认定，是一起特别重大生产安全责任事故。人类有意为之的突发公共事件，主要指危及社会安全方面的事件，包括恐怖袭击事件、经济安全事件、涉外突发事件和群体性治安事件等，易使一定区域乃至更大范围内的居民群体陷入恐慌、危机等紧急状态。

2）“线上”网络空间类突发公共事件。当下中国进入了智能互联时代，“互联网+”给人们的生活带来便利与快捷的同时，也容易滋生网络（线上）的危机与安全事件。网络时常成为造谣、黑客攻击、病毒入侵、隐私窃取、篡改信息等的阵地与工具等，易引起突发公共事件。近年来，我国群体性事件的发生不断增多，形式也日趋多样，其中就包括了虚实交织的网络群体性事件。鉴于此，我们将“网络安全、危机事件”也纳入人力所致型的突发公共事件体系之中，参见图 1-1。

结合或按照应对与管理主体等不同角度，也可对突发公共事件进行分类。《中华人民共和国突发事件应对法》规定，国家建立统一领导、综合协调、分类管理、分级负责、属地管理为主的应急管理体制，依据社会危害程度、影响范围等因素，可以将突发事件分为“特别重大”“重大”“较大”和“一般”四级。

Ⅰ级（特别重大），死亡 30 人以上为特别重大，一般由国务院负责组织处置。例如，汶川地震，南方 19 省雨雪冰冻灾害等。

Ⅱ级（重大），死亡 10 人至 30 人为重大，一般由省级政府负责组织处置。

Ⅲ级（较大），死亡 3 人至 10 人为较大，一般由市级政府负责组织处置。

Ⅳ级（一般），死亡 1 人至 3 人为一般，一般由县级政府负责组织处置。

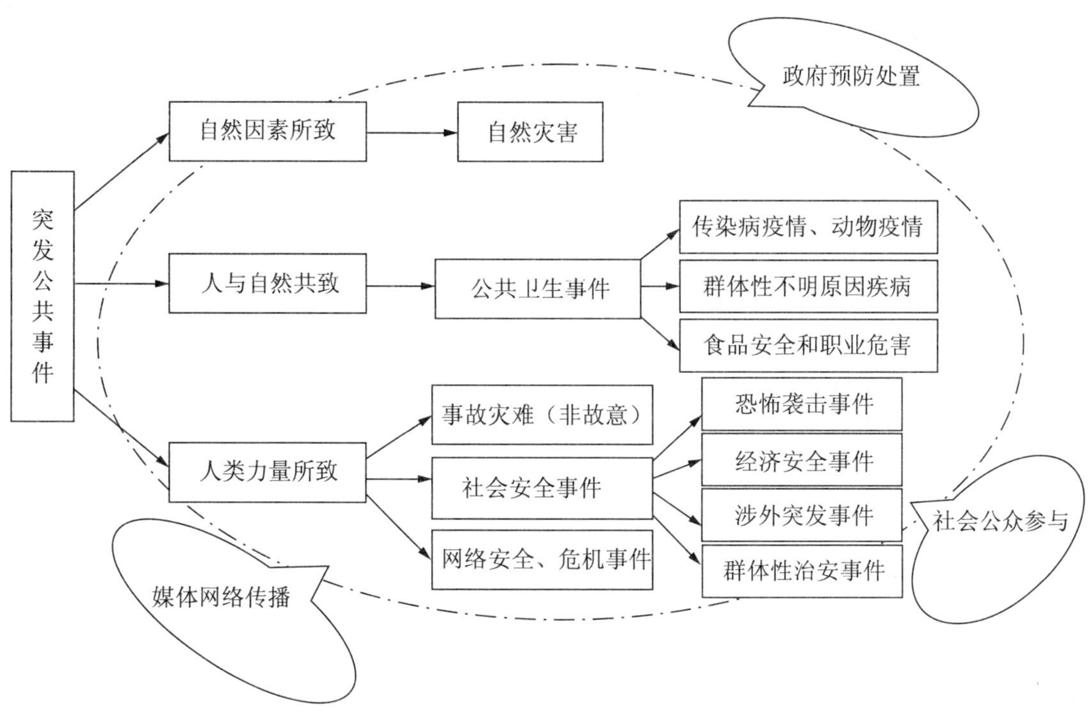

图 1-1　突发公共事件的成因与类型

分级标准，通常以人员伤亡情况来确定；但在具体确定时，还要结合不同类别突发事件的情况和其他相关标准具体分析。对突发事件进行分级，目的是落实应急管理的责任和提高应急处置效能等。

1.2　应急管理

1.2.1　基本内涵与要求

所谓应急，是由两部分概念构成："应"，一方面指人类本身的一种对来自自身与社会、自然等系统做出的反应、感应和回应等活动与变化；另一方面是指应对、应付和对待等活动内容。"急"是指一种紧急情况，即个人和社会突然发生和需要面对的一些紧急、迫切以及重要的事情等。因此，应急管理是指人类在应对一些紧急情况时，采取的相关管理和作为等活动。而这种紧急情况，要么已经发生，要么经前期研究判断后，预测、预感可能会即将发生。

“应突发之急、解相关危困、强化事后总结与研究未来趋势等”是应急管理的本质要求与内涵。美国联邦紧急事务管理局对应急管理的内涵界定为：“是通过组织分析、规划决策和对可用资源分配，以实施对灾难影响的减除、准备、应对和恢复，其目标是拯救生命、防止伤亡、保护财产和环境。”澳大利亚联邦政府应急管理署指出：“应急管理是一个处理因紧急事件引起社会风险的过程，是识别、分析、评估和治理紧急事态的系统性方法，其五个主要行动包括建立背景、识别风险、分析风险、评估风险和治理风险等。”

按照人类社会发展累进和文明进步规律等，作为反映国家治理能力的一个方面，应急管理的具体目标与要求，从低到高，可以划分为三个层别：“有急能应”→“少急呼应”→“无急可应”。“有急能应”指的是一个地区或社会具有防控和应对处置突发事件的能力。而这个能力，主要来源和需要受三方面力量的支撑：第一，组织力量；第二，物资力量；第三，专家、群众及媒体等方面的力量。参照和借鉴美国国土安全模式发展的五阶段管理流程，可将应急管理工作的主要内容划分为五个环节，见表1-1。

表1-1 应急管理工作的主要内容

五个环节	具体工作内容
预防（prevention）	采取相应措施发展和提高防控与应对紧急的能力
减缓（mitigation）	采取相应措施尽可能地减除紧急及其危害等
准备（preparation）	建立相关职能体系能够快速高效应对各种紧急等
响应（response）	在紧急发生的事前、事中、事后采取行动减少损失
恢复（recovery）	修复重建居民、社会和自然生态系统，启动新一轮预防工作

1.2.2 应急类型

根据涉及应急范围不同，可分为四类：

（1）组织应急

即影响单个组织单位内部的客观紧急事件。例如，某贸易公司出口的产品，经销商反映存在严重的质量问题，该贸易公司为了稳住和巩固对方市场，需要

紧急处理这一事件等。这一事件会对该公司的声誉和销售等产生非常重要的影响，但对当时其他组织的影响不大。

（2）行业应急

即影响整个行业的客观紧急事件。例如，“禽流感”疫情容易短期内给全社会造成一种恐慌，进而会对整个家禽产业形成不利冲击。那么，这就需要整个家禽行业和政府相关监管部门做出回应和处置等。

（3）区域应急

即影响某一具体或特定区域的客观紧急事件。例如，洪涝、台风、地震、火灾等，需要某一区域即刻做出应对和处置的紧急事件和情形等。

（4）国家应急

即影响到整个国家的客观紧急事情。例如，公共卫生事件和金融安全、诈骗事件等，这类事件会影响国家的各个方面，需要国家层面，动用、整合相关资源、手段与力量进行应对，属于国家应急范畴。

1.2.3　发展趋势

应急管理工作有着自身独特而专门的属性，是一项科学化、专业化、综合性非常强的工作。从全球范围看，20 世纪 90 年代以来，特别是美国“9·11”恐怖袭击后，政府应急管理工作正朝着更加突出预防和准备的方向发展，各国更加重视应急管理的专业化和精细化。应急管理主要发展趋势如下：

（1）组织管理一元化

一些大国将应急管理工作纳入国家的整体安全战略和框架中，促进自然灾害、人为技术事故、国防、网络安全、民防等管理体系的兼容或归并，构建统一领导、权威高效、平灾结合、平战结合的一元化应急管理组织体系。

（2）风险管理职能化

近年来，加强突发事件的风险管理，逐步成为各国应急管理机构的重要职责。通过科学的风险分析与评估，可以为应急管理工作提供前瞻性、基础性、战略性的支撑，有助于确定政府应急管理工作的重点和难点，确保有限的公共资源投入到更紧迫、更急需的地方和领域。

（3）能力建设科学化

随着公众对应急服务需求的不断提高，无论是应急管理者的个体能力，还是应急管理组织机构自身的能力都需要规范化，才能更好地履行职责和完成任务。在此背景下，能力建设从原本是相对比较空泛的词语逐步在应急管理中被细化、量化和规范化。

（4）管理流程标准化

德国、美国、欧盟、国际标准化组织等国家和国际组织都在加强应急管理的整个体系的标准化建设。例如，德国联邦政府制定了《现场操作指挥规章（DV10）》，德国国防军、警察、医疗急救、消防、技术救援（THW）等部门共同使用这一标准化的现场指挥框架，该框架中明确了专门的指挥官，还包括S1（人事/内部事务）、S2（灾情）、S3（救援）、S4（后勤）、S5（新闻和媒体工作）和S6（信息和通信）等标准编组，并根据实际情况扩充或减少标准编组等。

（5）应急保障社会化

由于突发事件常常在特定的时间和空间内，需要大规模的人力、物资、科技等支持，此时仅靠政府单方面的应对保障力量，一般很难满足当时的实际需求。这就从客观上要求应急管理保障能力必须社会化，以加强对突发事件的熟悉、防控、应对及处置等方面的综合力量，有利于社会资源的科学配置、储备和合理分配使用等。

（6）“教”“练”“战”“改”一体化

“教”指应急管理的教学培训工作，“练”是应急演练工作，“战”是实际的应急处置工作，“改”指对应急管理的问题和教训的查找、总结和改正。从科学应对突发事件的全局来看，一体化体现在：一是必须要立足于应急管理工作的实际，从培训对象的具体岗位和能力需求出发，开展教学培训工作；二是应急演练是检验应急管理组织和人员的培训效果的重要手段和方法；三是应急演练和教学培训必须紧紧围绕实际工作，才可能产生实际功效；四是要及时查找自身演练和实际工作的不足，还要重视借鉴国际经验和教训。

1.2.4　应急管理的影响因素

影响应急管理工作的主要因素：

(1) 组织架构设计与具体执行落实能力

各级部门都设有相应的应急管理领导机构和办事机构，垂直应急管理体系较为完备。应急管理机构在实际应急处置过程中的综合协调能力，直接决定应急处置的质量和效率。

(2) 应急科普工作与全社会的应急意识和能力

应急科普工作与全社会的应急意识和能力的提升可以扎实推进政府应急管理工作。主要体现在以下三个方面：政府和居民对突发事件的认识和防范；居民的应急常识和能力；城市的防灾、减灾以及相关规划建设等日常准备工作。

(3) 科技应急能力

科技应急应融汇贯穿于应急管理全流程，涵括对突发事件本身的事前、事中和事后研究，应急技术与产业的研发等。

(4) 媒体和社会组织、人民团体、军队武装等多方协作共治能力

新时代背景和新形势要求应急管理将着力点延伸至“线上”有关事态和网络舆情等。线下和线上齐抓共管，消解、减少事件发生及其危害，提升应急水平。另外，需重视社会力量，充分发挥社会组织、人民团体、军队武装等协作应急能力，从而推进应急管理工作绩效持续优化等。

1.3　应急预案与管理机制

1.3.1　应急预案

应急预案指面对突发事件如自然灾害、重特大事故、环境公害及人为破坏的应急管理、指挥、救援计划等。应急预案工作，包括规划、编制、审批、发布、备案、演练、修订、培训、宣传教育等。其中，应急预案编制要依据有关法律、行政法规和制度，紧密结合实际，合理确定内容，切实提高针对性、实用性和可操作性等。

预案的分类有多种方法，如按行政区域，可划分为国家级、省级、市级、区（县）和企业预案；按时间特征，可划分为常备预案和临时预案（如偶尔组织的大型集会等）；按事故灾害或紧急情况的类型，可划分为自然灾害、事故灾难、突发公共卫生事件和突发社会安全事件等预案。而最适合城市组织预案文件体系的分类方法，是按预案的适用对象范围进行分类，可将城市的应急预案划分为综合预案、专项预案和现场预案，以保证预案文件体系的层次清晰和开放性。

（1）综合预案

维护自己的通信设备和尽量维持应急通信系统，按照已建立的程序与在现场行动的组织成员之间通信，并保持与应急中心的通信联络；准备必要的备用通信系统，使用移动电话或者便携式无线通信设备，提供与应急中心和人员安置场所之间的备用通信联接；恢复正常运转时或者保管前对所有通信设备进行清洁、维修和维护。

不同的应急组织有可能使用不同的无线频率，为保证所有组织之间在应急过程中准确和有效的通信，应当做出特别规定。可以考虑建立统一的“现场”指挥无线频率，至少应该在执行类似功能的组织之间建立一个无线通信网络。在易燃易爆危险物质事故中，所有的通信设备都必须保证本质安全。

（2）专项预案

专项预案是针对某种具体的、特定类型的紧急情况，例如危险物质泄漏、火灾、某一自然灾害等的应急而制定的。专项预案是在综合预案的基础上，充分考虑了某特定危险的特点，对应急的形势、组织机构、应急活动等进行更具体的阐述，具有较强的针对性。

（3）现场预案

现场预案是在专项预案的基础上，根据具体情况需要而编制的。它是针对特定的具体场所（即以现场为目标），通常是该类型事故风险较大的场所或重要防护区域等所制定的预案。例如，危险化学品事故专项预案下编制的某重大危险源的场外应急预案，防洪专项预案下的某洪区的防洪预案等。现场应急预

案的特点是针对某一具体现场的特殊危险及周边环境情况，在详细分析的基础上，对应急救援中的各个方面做出具体、周密而细致的安排，因而现场预案具有更强的针对性和对现场具体救援活动的指导性。

应急预案是突发事件应对工作中一个更为具体的工作环节。我国编制应急预案的目的是：根据《中华人民共和国宪法》（以下简称《宪法》）、《中华人民共和国突发事件应对法》《突发事件应急预案管理办法》《中国共产党问责条例》以及相关的法规条例等，在现有的应急管理体制下，明确突发事件预防与处置的具体措施，使突发事件应对规范化、制度化、常态化。

应急预案是应急机制的具体操作性计划，如果应急法制、应急体制、应急机制发生变化，则应急预案应快速做出调整适用等。由于应急管理工作牵涉政府及下设各部门、企事业单位、人民团体、社会组织、武装力量等方方面面，所以应急预案一般是一个体系，由政府及其部门应急预案、单位和基层组织应急预案等构成。无论是哪一种预案，都必须符合应急法制，嵌入应急体制内，并具体反映应急管理机制的运行要求。

1.3.2　应急管理机制

应急管理机制体现为一组以相关法律、法规和部门规章为依据的政府应急管理工作流程，是全社会有效预防、及时处置突发事件的基本遵照。应急管理工作本身涵括多个工作环节，结合应急管理工作具体流程等，突发公共事件的应对机制或主要涵括九大机制，见图 1-2。

（1）风险预防机制

采取各种措施防范和降低自然、人为等各类潜在风险引发突发事件的可能性。

（2）预测预警机制

对可能引发突发事件的风险要素进行跟踪、监控、预测，及时向有关部门和社会公众发布预警。

（3）信息沟通机制

及时、准确地将突发事件的相关信息全部传递给应急管理部门和人员，为其进行科学应急管理决策提供参考依据；及时、准确地向社会公众传递突发事件及其有关的科学权威信息，与社会公众保持准确、及时、有效的沟通；及时、密切关注线下和线上的相关信息，加强甄别和考证工作，并将最终结果第一时间全面、权威发布给社会公众等。

（4）决策处置机制

由决策指挥部门依据突发事件的类型和等级，组织相关部门和人员及时做出反应，快速选择最优处置方案和办法。例如，启动有关方案，发布命令，调动人力、物资、设备等资源。

（5）社会动员机制

充分动员和组织政府部门、行业、市场与社会、媒体等多种力量，形成合力，共同有效应对突发事件。

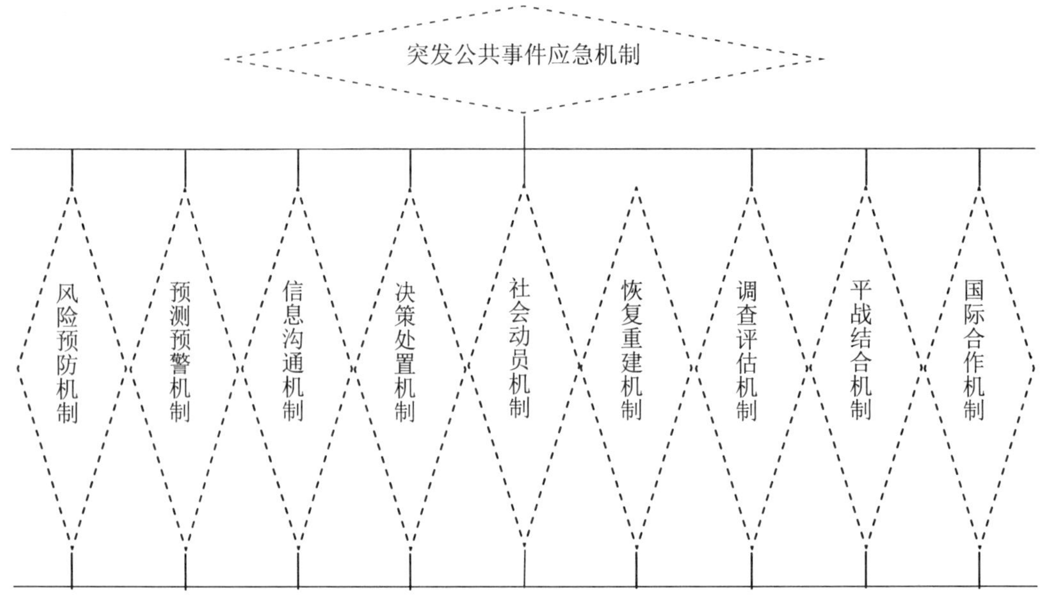

图 1-2　突发公共事件应急机制构成体系

（6）恢复重建机制

以保险、补偿、救济、心理干预等措施，减轻突发事件对社会经济及公众生活的影响，尽快恢复到正常状况。

（7）调查评估机制

对突发事件处置过程进行调查评估，理清责任，总结经验，汲取教训。

(8) 平战结合机制

面向日常、应急与应战一体化需要，调动可能涉及参与应急管理的各类责任部门，整合各类资源，加强模拟演练，提高平战协作能力。

(9) 国际合作机制

建立技术合作、信息共享、资源互助的国际协作渠道，增强国际交流合作，共同应对重大、突发、破坏力强的应急事件，防范和降低公共危害风险。

1.4 应急管理体系

应急管理体系是国家层面处理突发事件或紧急事务的法制、司法、行政职能及其载体系统，是政府、企业、社会等应急管理职能与部门机构之间协调配合。加强应急管理体系建设，是要根据突发事件或危机事务，把握并设定应急职能、机构与责任，进而形成科学、完整的应急管理法制、体制、机制和预案（简称“一案三制①”）等。

1.4.1 行政系统

应急管理行政体系的主要功能：指挥协调、处置实施、资源保障、信息管理、决策辅助等，如图 1-3 所示。其中，指挥协调系统是应急管理体系的“大脑”，是体系中最高决策机构，其他四个为支持系统，分别为指挥协调这一重要功能提供支持与配合，以保证指挥协调系统做出及时有效的决策。同时，这四个系统之间也保持相互协作支持，确保应急管理体系“统一指挥、分工协作、及时灵活、科学有效”的整体功能。

① “一案三制”是当下中国应急管理体系建设的核心框架；“一案”是应急预案，“三制”分别是应急管理法制，应急管理体制和应急管理机制。其中，应急管理法制是基础，为体制、机制、预案以及执法等提供法制与司法保障；应急管理体制是应急管理机构的组织形式，即综合性应急管理组织、各专项应急管理组织以及各地区、各部门的应急管理组织，各自的法律地位、相互间的权利义务分配关系及其组织形式等。而应急管理机制是突发事件预判、发生、发展和变化过程中各种制度化、程序化的应急管理方法与措施，体现为一组以相关法律、法规和部门规章为依据的政府应急管理工作流程。应急预案则是应急机制的具体操作性计划；无论是哪一种预案，都必须符合应急法制，嵌入应急体制内，并具体反映应急管理机制的运行要求。

（1）指挥协调系统

负责统一指挥，给其余各支持与配合系统下达指令，提出要求。

（2）处置实施系统

负责执行“指挥协调系统”下达的指令，完成具体应急处置任务。

（3）资源保障系统

负责应急资源的日常存储、养护及调度，在“决策辅助系统”协助下进行资源评估。

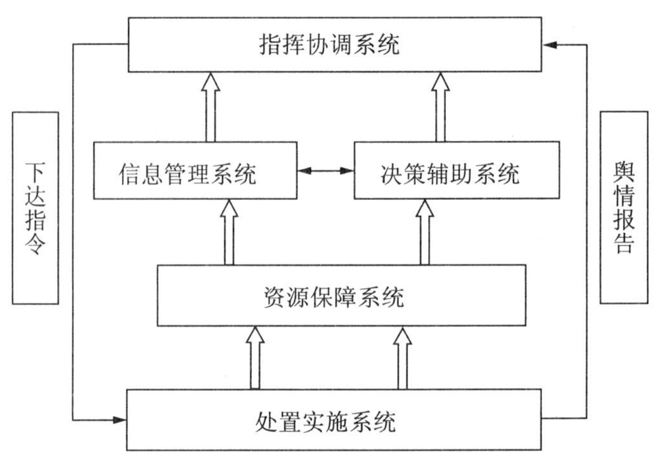

图 1-3　应急管理行政体系功能架构图

（4）信息管理系统

负责应急信息（含舆情）的采集、处理、存储、传输、更新、维护、共享，为其他系统提供信息支持。

（5）决策辅助系统

在“信息管理系统”传递的信息基础之上，负责对应急管理中的决策问题提出建议或方案，为“指挥协调系统”提供决策支持，如预警分析、预案选择、预案效果评估、资源调度方案设计等。

1.4.2　组织架构

2018 年 3 月中共中央印发了《深化党和国家机构改革方案》，方案指出：“提高国家应急管理能力和水平，提高防灾减灾救灾能力，确保人民群众生命财

产安全和社会稳定，是我们党治国理政的一项重大任务。为防范化解重特大安全风险，健全公共安全体系，整合优化应急力量和资源，推动形成统一指挥、专常兼备、反应灵敏、上下联动、平战结合的中国特色应急管理体制，将国家安全生产监督管理总局的职责，国务院办公厅的应急管理职责，公安部的消防管理职责，民政部的救灾职责，国土资源部的地质灾害防治、水利部的水旱灾害防治、农业部的草原防火、国家林业局的森林防火相关职责，中国地震局的震灾应急救援职责以及国家防汛抗旱总指挥部、国家减灾委员会、国务院抗震救灾指挥部、国家森林防火指挥部的职责整合，组建应急管理部，作为国务院组成部门。”

需要说明的是，按照分级负责的原则，一般性灾害由地方各级政府负责，应急管理部代表中央统一响应支援；发生特别重大灾害时，应急管理部作为指挥部，协助中央指定的负责同志组织应急处置工作，保证政令畅通、指挥有效。应急管理部要处理好防灾和救灾的关系，明确与相关部门和地方各自职责分工，建立协调配合机制。

1.4.3　立法执法

（1）法治框架

法律法规和制度规范为应急管理工作提供了法制基础和执行依据，覆盖和贯穿“预防、减缓、准备、响应和恢复等”应急管理的全流程和各环节。一般来说，一国应急管理方面的法律体系往往与该国的法律体系基本结构是一致的。从法律形式体系来看，应急管理法律法规可以通过一个国家里各种具有法律效力的法律形式表现出来，包括宪法对应急管理法律规范的规定、议会制定的法律对应急管理法律规范的规定、行政机关制定的行政法规和行政规章对应急法律规范的规定以及地方性立法机关制定的地方性法规对应急管理法律规范的规定等。

我国在 2003 年“非典型肺炎”（SARS）疫情之后，开始高度关注应急法制建设，并着手制定突发事件应对法。2007 年 11 月 1 日起施行的《中华人民共和国突发事件应对法》是我国应急管理工作领域中的“龙头法”，该法与《宪法》中规定的紧急状态制度和有关突发事件应急管理的其他法律做了细致衔接。此外，我国相关部门还制定了一系列涉及应急管理的单行法律法规等，这些单行应急法律制度和规范，涉及和涵盖自然灾害、事故灾害、公共卫生事件、社会安全事件、战争状态等多种类型和多个部门领域。中国应急管理法制体系概况可参见图 1-4。

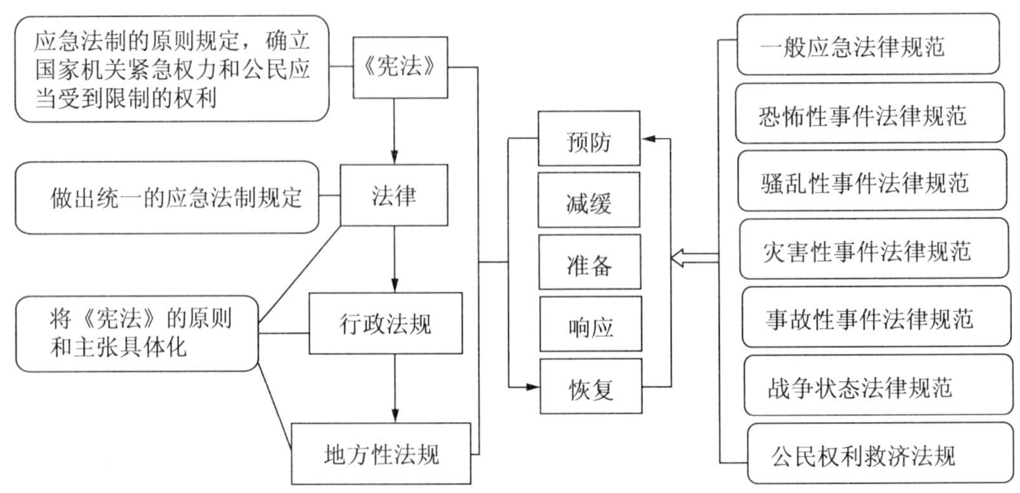

图 1-4　中国应急管理法治体系

（2）执法体系

由于应急管理工作事关人民群众生命财产安危、社会和谐和自然生态等，除了重视和加强相关法律规范的建设外，更重要的是，要严格执行和贯彻有关法规条例；做到有法必依、执法必严，以预防和控制突发公共事件的发生与蔓延等。在此，我们以安全生产领域的监督检查为例，阐述和分析“安监”领域内的政府执法体系，说明和厘清具体的执法主体和内容，以及执法工作的重要性等，供其他领域的应急管理工作参考借鉴。

1）昆山重大铝粉尘爆炸事故案例。江苏省昆山市“8.2”特别重大铝粉尘爆炸事故经过见插文 1-1。该起事故的直接起因是，事故车间除尘系统较长时间未按规定清理，铝粉尘集聚。除尘系统风机开启后，打磨过程产生的高温颗粒在集尘桶上方形成粉尘云。1 号除尘器集尘桶锈蚀破损，桶内铝粉受潮，发生氧化放热反应，达到粉尘云的引燃温度，引发除尘系统及车间的系列爆炸。因无泄爆装置，爆炸产生的高温气体和燃烧物瞬间经除尘管道从各吸尘口喷出，导致全车间所有工位操作人员直接受到爆炸冲击，造成群死群伤。管理执法层面的原因是，中荣公司无视国家法律，违法违规组织项目建设和生产；苏州市、

昆山市和昆山开发区对安全生产重视不够，安全监管责任不落实，对中荣公司违反国家安全生产法律法规、长期存在安全隐患治理不力等问题失察；负有安全生产监督管理责任的有关部门未认真履行职责，审批把关不严、监督检查不到位、专项治理工作不深入、不落实等。

2）安全生产监管和执法体系存在漏洞。主要表现为执法主体不明确、执法方式不先进和执法力度力量不够强等。安全生产是企事业单位组织生产与经营活动的基本要求，每一个员工都必须自觉地遵守和践行安全底线；而作为政府部门，更要督查和帮助各生产单位时刻筑牢安全生产的防线。我国安全生产与监管的目标是，按照权责统一的原则，通过合理界定各级安全生产监督管理部门和煤矿安全监察机构的执法权限，落实行政许可、行政处罚等具体工作岗位的法定职责，明确执法依据，规范执法程序，强化执法监督和执法过错追究；建立岗位分工明确、程序规范到位、责任追究有力的安全生产行政执法责任体系，逐步解决安全生产行政执法中职权不清、程序不明、责任难追的问题；努力实现执法主体合法化、执法行为规范化、执法责任具体化，保证法律、法规和规章的有效执行与落实，常抓不懈，为安全生产形势长期向好树起强有力的执法标杆。

插文1-1　江苏昆山“8·2”特别重大铝粉尘爆炸事故

2014年8月2日7时34分，位于江苏省苏州市昆山市昆山经济技术开发区的昆山中荣金属制品有限公司抛光二车间发生特别重大铝粉尘爆炸事故，当天造成75人死亡、185人受伤。依照《生产安全事故报告和调查处理条例》规定的事故发生后30日报告期，共有97人死亡、163人受伤（事故报告期后，经全力抢救医治无效陆续死亡49人，尚有95名伤员在医院治疗，病情基本稳定），直接经济损失3.51亿元。2014年12月30日，国务院对江苏昆山市中荣金属制品有限公司“8·2”特别重大铝粉尘爆炸事故调查报告做出批复，认定这是一起生产安全责任事故，同意对事故责任人员及责任单位的处理建议，依照有关法律法规，对涉嫌犯罪的18名责任人已移送司法机关采取措施，对其他35名责任人给予党纪、政纪处分等。

3）教训。执法体系的关键在于科学而有效的设计，以及各层面自觉而严格的尽职履行。如图 1-5 所示，第一，监管责任的主体要明确，实行“1+1+1”三方负责落实制。每一个企事业单位内部必须有负责和管理执行安全生产标准的部门或个人，同时，每一个企业外部都必须有县级以上政府的安监部门的联系人和督查人；每一个员工都必须知晓本单位有关安全生产的标准和规范，遇到非正常生产时，要及时向本单位和政府部门相关人员汇报。第二，监管方法要先进，充分利用现代通信技术和大数据方法等，提高监管质量与效率。例如，交通运输监管部门，在载客大巴上安装监控视频头，可以随时掌握车辆运行中的超员、超速、车内状态等情况。第三，执法要实，严肃处理玩忽职守者，管罚并重，将执法工作常态化、执法分工精细化。特别是对于重点行业和重点单位，政府监管人员每月要专门进行数天的现场督查、突击检查和暗中访查等。积极接受群众的监督和举报，并对群众反映的相关问题及时查处等。

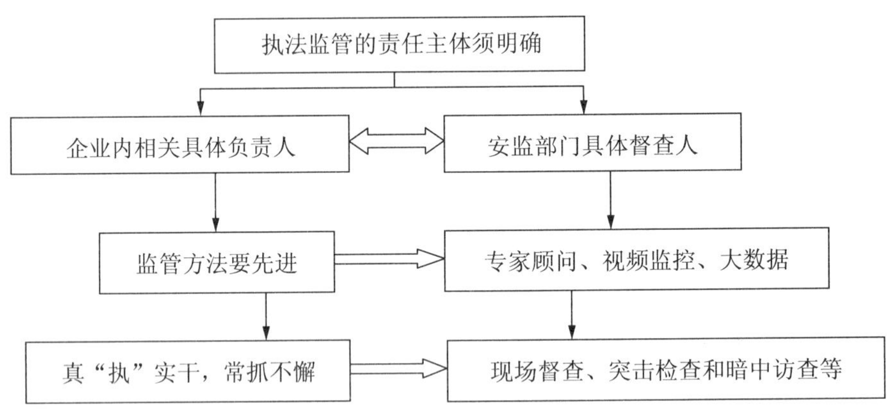

图 1-5　安全生产执法体系的核心内容

1.4.4　司法体系

司法（Justice）又称法的适用，通常是指国家司法机关及其司法人员依照法定职权和法定程序，具体运用法律处理、侦察、审判民事和刑事案件的专门活动。司法是实施法律的一种方式，对实现立法目的、发挥法律功能具有重要意义。我国的司法机关一般指人民法院和人民检察院，广义上也可以包括公安机关、国家安全机关、司法行政机关、军队保卫部门、监狱等国家机构部门。而应急管理司法体系的主要内容与职责是：

（1）侦查、追究和判处造成突发事件的人为原因与具体责任等。如上文中

所述的 2014 年江苏昆山“8·2”特别重大铝粉尘爆炸事故。无独有偶，2015 年 8 月 12 日，天津滨海新区瑞海公司危险品仓库火灾爆炸事故，事故造成 165 人遇难、8 人失踪、798 人受伤（伤情重及较重的伤员 58 人）；截至 2015 年 12 月 10 日，已核定的直接经济损失 68.66 亿元。事故发生后，引起了社会乃至境外媒体的强烈关注。后经国务院调查组认定，也是一起特别重大生产安全责任事故。2016 年 11 月 7 日至 9 日，天津市第二中级人民法院和 9 家基层法院公开开庭审理了“天津港‘8·12’特大火灾爆炸事故”所涉 27 件刑事案件，对案件涉及的被告单位及 24 名直接责任人员和 25 名相关职务犯罪被告人进行了公开宣判。天津市交通运输委员会主任武岱等 25 名国家机关工作人员分别被以玩忽职守罪或滥用职权罪判处三年到七年不等的有期徒刑，其中李志刚（副厅级，已退休）等 8 人同时犯受贿罪，予以数罪并罚。宣判后，各案被告人均表示认罪、悔罪。

（2）侦查、审理和追究影响应急工作开展，有意干扰和破坏应急工作进展成效，以及对突发事件本身的应急处置不力、不到位、不作为等具体的相关方行为与责任。除了国家法律层面外，中国共产党的内部组织纪律也有涉及应急管理方面责任过问的明确规定。2016 年 7 月 8 日起施行的《中国共产党问责条例》第十条，“实行终身问责，对失职失责性质恶劣、后果严重的，不论其责任人是否调离转岗、提拔或者退休，都应当严肃问责。”2016 年 6 月，湖北省仙桃市发生“居民抗议垃圾焚烧发电厂建设项目”事件。民众认为，仙桃市政府刻意隐瞒项目建设，更多居民无从知情；时任仙桃市委书记冯某某在事件发生 15 小时“事态恶化”后才到现场。2016 年 8 月，湖北省纪委就此发布问责通报，因在事件中领导不力、工作失职、造成恶劣影响，湖北省委决定，免去仙桃市委书记冯某某职务，终止其提拔任用程序等。

（3）甄别、追究和查处人为造谣、有意（蓄意）制造或酿成突发事件的相关行为方的言行与责任等。如前文所述，当下中国进入了“互联网+”的快捷便利时代。互联网在给居民、企业、政府和社会等方方面面带来便捷与福利的同时，往往也会成为谣言滋生传播的阵地和不法分子觊觎借用的工具，使得不知内里的群众跟风起哄，煽风点火，对其他群众的利益、财产甚至生命造成危害，在社会范围内产生恶劣影响。据中国青年网，2017 年 5 月底，青岛两位大妈拍摄并造谣“棉花肉松”视频，视频经“朋友圈”大量传播之后，“涉事”

蛋糕店当天晚上被市民包围，现场群情激奋。青岛市南区食药局得知消息后，立即安排执法人员赶赴现场予以检查。后经第三方权威检测，“肉松蛋糕洗出棉花不实”。两位大妈因为编造“棉花肉松”虚假视频，被公安机关依法给予行政拘留五天的处罚。类似事件表明，互联网时代，政府监管职能的视域和工作量明显增大；不仅要监察和管理现实中的各种动态，还要介入和洞察线上的网络舆情和有关事态等。

（4）司法体系还需在网络安全、恐怖袭击和金融诈骗等重大领域加强跟踪打击、责任追究和人财物追缴等，在此不做赘述。应急管理司法体系的主要职责与目标，可参见图 1-6。

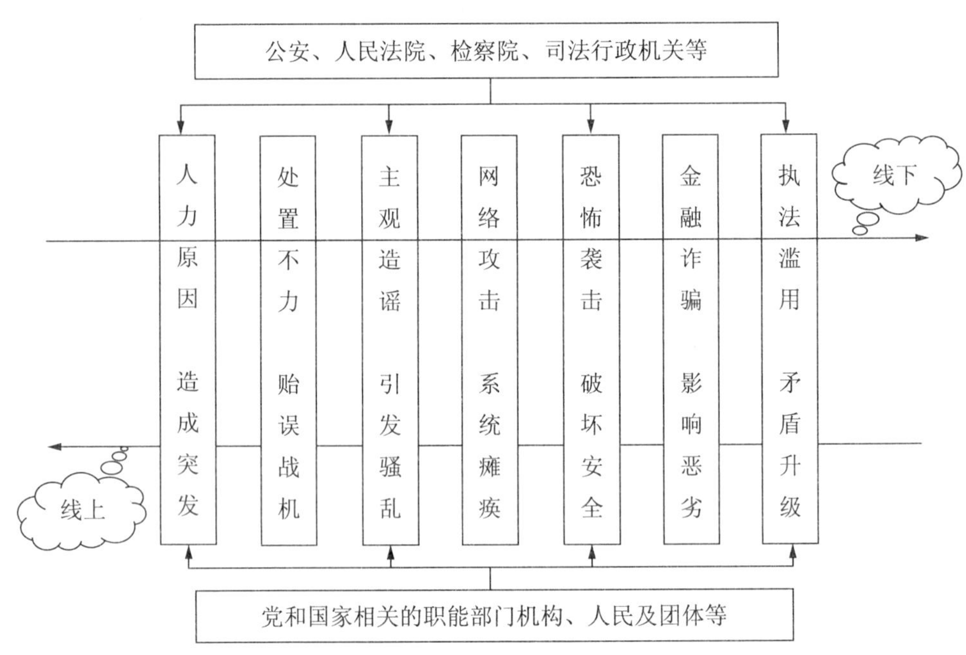

图 1-6　应急管理司法体系的主要职责与目标

1.4.5　社会体系

应急工作所需的人、财、物等常常多而广。政府在应急管理中主要承担主体的监管、处置与建设、规划等责任，具体的落实往往仍需要借助、凝聚甚至依靠社会组织、人民团体和武警军队等多方面的力量，以齐心协力做实做好应急管理工作。特别是在重大突发公共事件应急处置中，须多方协作，及时有

效——应突发之急、解民众之困、保稳定大局、显社会优势等，见插文 1-2。

插文 1-2　中国政府最大规模的有组织撤离海外中国公民行动取得阶段性胜利

新华网北京 2011 年 3 月 4 日电　截至北京时间 3 月 2 日 23 时 10 分，中国迄今掌握并有回国意愿的在利比亚中国公民已经全部撤出，共计 35860 人。撤离中国在利比亚人员行动已取得阶段性胜利。这次成功撤离行动是党中央、国务院正确领导的结果，是前后方、各部门、各地方和有关企业通力合作的结果，是军民团结协作、共同努力的结果，是全国人民关心和支持的结果，也是中国一贯奉行和平外交政策，得人心、朋友多的结果。

利比亚安全形势发生重大变化后，胡锦涛总书记、温家宝总理一直牵挂着在利比亚同胞的安危，在第一时间做出重要指示和批示。国务院迅速成立应急指挥部加强统筹协调，确保在不到十天时间里取得了撤离工作阶段性胜利。2011 年 2 月 22 日早，张德江副总理紧急召开应急指挥部全体会议，要求各有关方面立即启动应急预案，按照职责分工，密切配合，千方百计保障我人员安全，千方百计保障我财产安全，千方百计维护我国家利益。

在国务院应急指挥部组织协调下，各有关方面全力以赴，撤离在利中国公民工作紧张有序地全面展开。

——外交部全面动员，成立应急工作领导小组，向前方派出工作组，使用一切手段准确摸清中国在利人员的分布和组成，准确掌握有关我人员主要聚集地的交通安全等方面的关键信息，为国家及时制定实施救援方案提供重要依据。强化组织协调，积极发挥牵头作用，与其他部委和有关省市人民政府密切沟通，通力合作，确保撤侨行动高效有序展开。

——商务部组织大量生活物资和医疗救援物资运上飞往利比亚和周边国家的包机。

——交通运输部成立人员撤离、船舶安全保障两个工作组，全力协助撤离及安全保障工作。

——中国民航局启动应急程序，选派业务骨干，调派飞机执行任务。

——中国气象局迅速开展利比亚撤侨专项预报服务，为海陆空撤侨工作顺利进行提供气象科学依据。

——经中央军委批准，正在亚丁湾索马里海域执行护航任务的中国海军第七批护航编队“徐州”号导弹护卫舰赶赴利比亚附近海域，为撤离中国在利比亚被困人员的船舶提供支持和保护，空军派出4架伊尔-76飞机，于2月28日飞赴利比亚执行接运中国在利比亚人员的任务。

——“央企”再次在危急关头表现出牺牲精神。有关航空公司不计得失，及时组织包机。向利比亚派驻有人员的“央企”则主动采取多种保障措施，确保本公司在利人员安全撤离。

——在驻外使领馆的精心安排下，暂留在第三国的中国公民有人管、有地方住、有饭吃、有安全感。海外华侨华人伸出援助之手，体现出血浓于水的深厚中华情。

……

（1）社会责任系统

相对于行政体系、执法体系和司法体系而言，社会体系则属于应急管理的弱相关主体，旨在强调相关部门重视应急社会体系的巨大能量，寻求应急社会体系的帮助和指导，加强二者间的沟通与协作，有机统一，共同防控、应对和处置突发公共事件，是提升应急核心能力和应急工作绩效的关键，见图1-7。

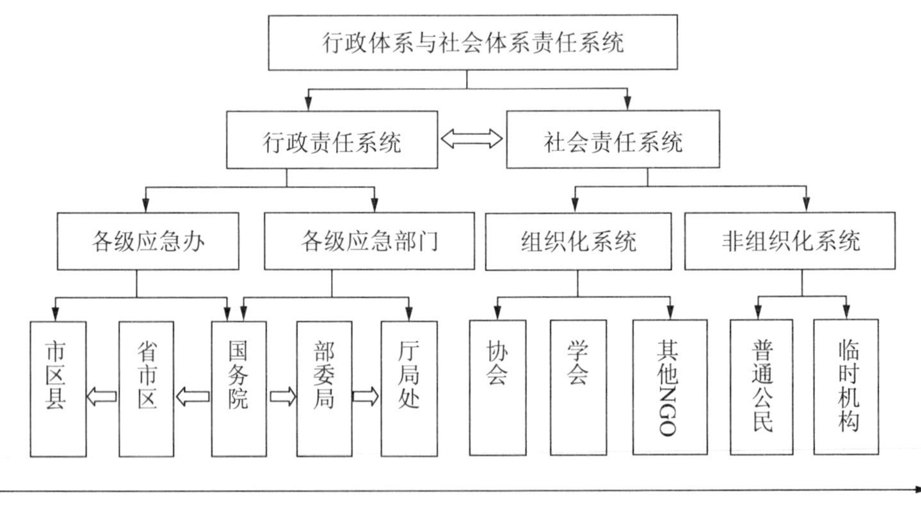

图1-7　应急的社会体系与行政体系的协作统一框架图

社会责任系统是没有法定责任强制的弱相关主体，其构成基础以及长期维

持的核心是道德观念、公众舆论和媒体宣传等。社会责任系统可以参与和完成一部分危机预警、应急救援以及灾后恢复重建等具体工作。应急管理体系的有效运行离不开社会力量的支持与配合，社会力量的动员与参与不仅可以提高应急工作和活动的效率，还可以在一定程度上降低应急成本，减少突发公共事件带来的损失等。

按照是否具有组织化特征，可以将社会责任系统分成组织化系统和非组织化系统两大类：

1）组织化系统。主要包括协会、学会等半官方的组织以及企业、部分事业单位等非政府组织。可以协助政府进行突发事件的应急处置，弥补政府机构等组织在应急处置和执行管理中存在的不足。例如，2006 年 12 月 25 日正式成立的河北省红十字应急救援队，是全国第一家非行政系统的省级应急救护队伍。由河北省各地的 14 支应急救援分队组成，其中省直 3 支，11 个地市每市 1 支。省直救援队分别是省人民医院应急救援队、医大二院应急救援队和唐山开滦矿务局医院应急救援队。

2）非组织化系统。则涵盖每个可能与应急工作和活动相关的普通公民，无论是直接相关还是间接相关。同时，那些临时组建的非常规组织也可以认为是非组织化的社会责任体系中的一部分。如 2008 年的雪灾中，由贵阳人民广播电台发起而临时形成的“绿丝带成员”，即愿意免费让人搭乘顺风车的汽车车主，都可以领取一条“绿丝带”系在车上，以告诉需要帮助的人可以来搭乘一段顺风车。在贵阳市整个雪灾过程中，约有 300 辆车自愿系上了“绿丝带”，为雪灾的救援和处置等起到了积极有效的作用。

（2）应急资源和平台共建共享体系

应急资源，主要包括已经形成的宝贵的应急经验和应对方法，各种类型的应急专家和业内精英，先进管用的应急设备和技术，以及公民自身具备的基本应急意识和技能等。应急平台主要是以现代信息通信技术为支撑，软、硬件相结合的突发公共事件应急保障技术系统，具备日常管理、风险分析、监测监控、预测预警、动态决策、综合协调、应急联动与总结评估等多方面功能，是实施应急预案、实现应急指挥决策的载体。未雨绸缪，防患于未然。“互联网+”时代的当下中国，在日常生产生活中，很有必要着手开发应急资源和构建应急平台，通过资源开发和平台网络的互学互鉴、共建共享，可以有效增强全社会预防和抵御风险的能力，尽可能降低和减缓突发事件的发生风险与造成的损失等。

2014年12月，国务院办公厅印发《关于加快应急产业发展的意见》（以下简称《意见》），首次全面部署应急产业发展。《意见》界定应急产业是为突发事件预防与应急准备、监测与预警、处置与救援提供专用产品和服务的产业；《意见》指出，近年来，我国应急产业快速兴起并不断发展，在突发事件应对中发挥了重要作用，但还存在产业体系不健全、市场需求培育不足、关键技术装备发展缓慢等问题。《意见》提出到2020年，应急产业规模显著扩大，应急产业体系基本形成，自主创新能力进一步增强等。加强应急资源的开发整合与应急平台共建共享，瞄向国际前沿领域，在加强国际科技交流与合作的同时，落实推进"官产学研融"等环节的紧密衔接与精准发力，通过机制激励、人才培养、要素投入、平台建设、内外资源整合等措施，加快提升中国应急的高科技含量与核心竞争力，为中国应急提供形成强有力的科技支撑与保障。此外，应急资源和平台体系的一个重要职能是需要注意全民的应急教育和科普工作，充分运用网络和自媒体等新兴工具，宣传、教育、推介和普及相关基本的应急知识与技能等。

本章主要参考文献

[1] 钱永忠，王芳．"农产品"和"食品"概念界定的探讨［J］．中国科技术语，2005，7（4）：33-35.

[2] 张永慧，吴永宁．食品安全事故应急处置与案例分析［M］．北京：中国质检出版社，2012：1-7.

[3] 张利庠，张喜才．食品安全危机管理［M］．北京：中国农业科学技术出版社，2010：1-8.

[4] 曹杰，于小兵．突发事件应急管理研究与实践［M］．北京：科学出版社，2014：3.

[5] 唐文进．突发公共事件的宏观经济影响研究［M］．北京：中国金融出版社，2014：5-7.

[6] 朱颖．突发公共事件中的网民心理与风险沟通［J］．暨南学报，2016（9）：120-126.

[7] 刘铁民．脆弱性——突发事件形成与发展的本质原因［J］．中国应急管理，2010（10）：32-35.

[8] 孙玲．新媒体时代突发事件应急管理、危机公关案例与启示 [M]. 北京：人民出版社，2014：3-4.

[9] 李红星，王曙光，李秉坤．应对网络群体性事件的政策工具分析 [J]. 中国行政管理，2017，380（2）：149-151.

[10] 马颖，丁周敏，张园园．食品安全突发事件网络舆情演变的模仿传染行为研究 [J]. 科研管理，2015（6）：168-176.

[11] 国务院侨务办公室．中国地理便览：中国地理常识 [M]. 北京：外语教学与研究出版社，2007.

[12] 秦汉．试析新媒体语境下虚实交织的网络群体性事件发生机理及应对措施——以启东事件为例 [J]. 青海社会科学，2014（1）：96-101.

[13] 吴芳．食品安全立法中基本概念辨析 [J]. 价格月刊，2008（7）：92-96.

[14] 李祥洲．我国农产品质量安全问题治理对策探讨 [J]. 中国食物与营养，2017，23（1）：12-16.

[15] 王为民．我国农产品质量安全突发事件的特点、成因与对策分析 [J]. 农产品质量与安全，2011（1）：15-17.

[16] 李祥洲，廉亚丽，戚亚梅，等．农产品质量安全网络舆情风险隐患研究 [J]. 农产品质量与安全，2014（4）：56-61.

[17] 李祥洲，邓玉，廉亚丽，等．我国食用农产品质量安全舆情隐患分析 [J]. 食品科学技术学报，2016，34（2）：76-82.

[18] 王杕．我国农产品质量安全应急管理研究 [D]. 北京：中国农业科学院博士论文，2014.

[19] 曹杰，朱莉．现代应急管理 [M]. 北京：科学出版社，2011.

[20] 张海波．中国总体国家安全观下的安全治理与应急管理 [J]. 中国科学文摘，2016（5）：20-22.

[21] 游志斌．政府应急管理发展的国际趋势 [N]. 学习时报，2014-07-28（6）.

[22] 马志敏．地方政府应急管理能力：影响因素及实现路径 [J]. 山西农业大学学报（社会科学版），2010，9（5）：570-572.

[23] 薛鹏，王艳，陈永红．“创新升级”背景下应急管理的政府责任探究

[J]. 青海社会科学，2017 (5)：120-127.

[24] 石径. 大数据背景下金牛区政府应急管理信息整合问题的调查研究[D]. 成都：西南交通大学硕士毕业论文，2016.

[25] 陈敏尔. 以改革创新精神大力推进应急管理工作 [J]. 中国应急管理，2014 (2)：22-26.

[26] 王杕，陈松，钱永忠. 美国应急管理体系对保障中国农产品质量安全的启示 [J]. 世界农业，2014 (10)：75-79.

[27] 国务院办公厅关于印发突发事件应急预案管理办法的通知（国办发〔2013〕101 号）. 中央政府门户网站 [EB/OL]. http：//www. gov. cn/zwgk/2013-11/08/content_ 2524119. htm

[28] 王宏伟. 重大突发事件应急机制研究 [M]. 北京：中国人民大学出版社，2010：16-19.

[29] 刘铁民. 应急体系建设和应急预案编制 [M]. 北京：企业管理出版社，2004：13.

[30] 郑中华. 应急管理体系建设的重点环节 [N]. 学习时报，2017-03-24 (6).

[31] 计雷，池宏，陈安，等. 突发事件应急管理 [M]. 北京：高等教育出版社，2006：16-18.

[32] 闪淳昌，薛澜. 应急管理概论——理论与实践 [M]. 北京：高等教育出版社，2012：110-123.

[33] 天津港爆炸事故直接经济损失 68 亿瑞海公司严重违法 [EB/OL]. 新浪财经. http：//finance. sina. com. cn/china/gncj/2016-02-05/doc-ifxpfhzk8984836. shtml.

[34] 刘怡君，陈思佳，黄远，等. 重大生产安全事故的网络舆情传播分析及其政策建议——以"8·12 天津港爆炸事故"为例 [J]. 管理评论，2016，28 (3)：221-229.

[35] 湖北仙桃市委书记因处置群体事件不力被免职 [EB/OL]. www. chinanews. com/gn/2016/08-24/7982144. shtml.

[36] 陈安，上官艳秋，倪慧荟. 现代应急管理体制设计研究 [J]. 中国行政管理，2008 (8)：81-85.

第2章 农产品质量安全管理与突发事件

农产品质量安全关系公众身体健康和农业产业发展，是农业现代化建设的重要内容。当前，我国农产品质量安全整体水平在高位上稳中攀升，但一有“风吹草动”，在“三微一端”舆论架构之下，农产品质量安全应急管理愈发凸显。本章梳理了我国农产品质量安全管理工作现状、潜在风险及危害特征，阐述了农产品质量安全突发事件基本特征、成因、常见类型以及应急管理的基本要求。

2.1 农产品质量安全管理特点

近年来，特别是党的十八大以来，各级农业部门坚决贯彻落实党中央、国务院决策部署，牢固树立绿色发展理念，坚持质量兴农战略，认真落实“四个最严”要求，狠抓突出问题治理，我国农产品质量安全保持平稳向好的发展态势。总体上看，我国农产品质量是有保障的，是安全可靠的。近5年来，大宗农产品例行监测总体合格率稳定在96%以上，据统计2017年全国主要农产品例行监测总体合格率达到97.8%，其中蔬菜、水果、茶叶、畜禽产品和水产品抽检合格率分别为97.0%、98.0%、98.9%、99.5%和96.3%，畜产品“瘦肉精”抽检合格率为99.8%，未发生重大农产品质量安全事件。但是，个别地区、个别品种、特殊时节农产品质量安全突发事件还时有发生，农产品质量安全风险仍然存在。

2.1.1 主要管理政策

质量安全事关农产品的有效供给、消费者需求满足、农民收入增加，是党和政府实施公共管理的重要内容。近些年来，各级农业部门按照党中央、国务院的决策部署，紧紧围绕“努力确保不发生重大农产品质量安全事件”的目标，依法履行职责，采取多种政策措施，全面加强监管。

（1）建立健全监管队伍

推动农产品质量安全监管、检测、执法三支队伍迅速壮大。据统计，截至2017年，全国所有省（自治区、直辖市）、88%的地市、75%的县（区、市）、97%的乡镇建立了农产品质量安全监管机构，落实监管人员11.7万人。“十一五”“十二五”期间，国家分两期规划建设全国农产品质量安全检验检测体系。据2017年统计结果，全国共有部、省、市、县四级农业系统质检机构3293个，落实从业检测人员31951人，承担政府委托检测样品量841.36万个。农产品质检机构硬件设施条件大幅改善，检测能力显著提高，液相串联质谱仪、气相串联质谱仪、ICP-MS等大型精密仪器得以在检测机构配备，甚至基层县级检测机构也基本具备了蔬菜水果中有机磷、有机氯等高毒农药、动物尿液中盐酸克仑特罗、孔雀石绿、重金属等危害物质的定量检测能力。同时，农产品质量安全追溯体系建设进程加快，推行种子追溯编码标识、兽药二维码制度和农药质量追溯试点。

（2）全面启动标准化生产

农业标准化作为组织现代化生产加工的有效手段，用先进的技术、科学的管理，通过标准化手段来规范农业生产活动，获得最佳的秩序和效益，有力地促进了农业经济增长方式地转变，使农业产品的质量和数量不断适应国内外市场的需求。近5年来，我国已制定农药残留限量标准5450项、兽药残留限量标准2087项，制定发布农业行业标准5704项，各地制定农业生产技术规范1.8万项，基本覆盖我国常用农兽药品种和主要食用农产品，农产品质量安全基本实现有标可依。开展标准化生产创建活动，创建“三园两场”11280个，创建标准化示范县185个，“菜篮子”大县龙头企业、合作社和家庭农场基本实现按标生产。稳步发展无公害、绿色、有机和地理标志农产品生产，“三品一标”总数达12.1万个，跟踪抽检合格率达到98%以上。一大批优质安全的农产品摆上了超市货架和百姓餐桌，更好地适应了城乡居民多元化、个性化的消费需求。

（3）有效推进执法监管

坚持问题导向，持续开展禁限用农药、“瘦肉精”、生鲜乳违禁物质等专项

整治行动，始终保持高压严打态势。据原农业部2017年统计，近5年来全国共查处各类问题17万余起，查处案件6.8万件；三聚氰胺连续8年监测全部合格，“瘦肉精”监测合格率处于历史最好水平，地下生产经营链条基本打掉，高毒农药和禁用兽药问题基本解决，区域性、行业性问题得到有效遏制，例如广州市因违禁使用高毒农药判刑第一人，见插文2-1。

插文2-1　广州市因违禁使用高毒农药判刑第一人

人民网2016年8月17日发布报道：去年广州增城一菜农因违规使用高毒农药被刑拘一案终于有了最终结果。近日，记者从广州市增城区农业局获悉，石滩镇白江村种植散户黄某种植蔬菜使用禁用农药并予以销售，日前被增城区人民法院依法判刑1年6个月，并处罚金人民币3万元。

据了解，2015年12月，黄某种植的四季豆经检测，含有禁用农药水胺硫磷。经调查核实，黄某承认在四季豆种植过程中使用了水胺硫磷。增城区农业局将黄某涉嫌使用水胺硫磷的事实移交增城区公安分局进行立案调查。

依据《中华人民共和国农药管理条例》以及农业部公告第194号等相关规定，水胺硫磷属于高毒、剧毒农药，禁止在蔬菜上使用。增城区人民法院审理后认为，黄某明知水胺硫磷禁止用于蔬菜，仍在生产的蔬菜中使用，其行为触犯了《刑法》第一百四十四条之规定，构成生产、销售有毒有害食品罪，依法对其判刑1年6个月，并处罚金人民币3万元。

这是新修订的《中华人民共和国食品安全法》（以下简称《食品安全法》）自2015年10月1日实施以来，广州市因违禁使用高毒农药而被判刑的第一人。自新《食品安全法》实施以来，因为违规使用高毒农药被刑拘或罚款的案例日益增多，表明了国家打击违法违规使用农药的决心。

（4）深入开展监测评估

国家农产品质量安全例行监测范围，已扩大到155个大中城市、109个品种、94项指标，基本涵盖主要城市、产区、品种和参数。对例行监测没有覆盖的粮食、油料、水生蔬菜等重要农产品，国家组织开展专项监测，并实施农药及农药残留、兽药及兽药残留、饲料及饲料添加剂、水产品药物残留四个监控计划。各地例行监测工作全面启动，监督抽查和专项监测依法开展。制定《农产品质量安全监测管理办法》，修订《农产品质量安全突发事件应急预案》，监测预警能力大幅度提升，为执法监管和防控区域性、系统性风险提供有力支撑。据统计，原农业部已考核认定105家农产品质量安全风险评估实验室和148家风险评估实验站，成立了第二届国家农产品质量安全风险评估专家委员会，见插文2-2。围绕“菜篮子”和“米袋子”，对隐患大、问题多的品种和环节组织展开农产品质量安全专项评估，逐步形成“四大评估、一大评价”的风险评估方式，为农产品质量安全监管、应急处置等提供了强有力的技术支撑。组建农产品质量安全专家组，开展农产品质量安全政策咨询、科普解读、热点关切回应、宣传培训等工作。

插文2-2 农产品质量安全监测预警体系

例行监测方面，2017年，农业部按季度组织开展了4次国家农产品质量安全例行监测（风险监测），共监测全国31个省（区、市）155个大中城市五大类产品109个品种，监测农兽药残留和非法添加物参数94个，抽检样品42728个，总体抽检合格率为97.8%，同比上升0.3个百分点。其中，蔬菜、水果、茶叶、畜禽产品和水产品抽检合格率分别为97.0%、98.0%、98.9%、99.5%和96.3%，畜产品“瘦肉精”抽检合格率为99.8%，农产品质量安全水平持续向好。通过监测，及时发现并督促整改了一大批不合格问题。

风险评估方面，组织认定105家风险评估实验室和148家风险评估实验站，评估体系从无到有、评估能力由弱变强。经费投入由2012年的1000万元增加到2014年的1亿元，对蔬菜、粮油、畜禽、奶产品等重点食用农产品进行风险评估，获取有效数据60万条，初步摸清风险隐患及分布范围、产生原因。

（5）扎实开展质量安全县创建

按照国务院统一部署，为进一步提高农产品质量安全水平，2014年原农业部开始了“国家农产品质量安全县”创建活动。县域是农产品生产和质量安全监管的前沿，创建农产品质量安全县，有利于保障食品安全、加快转变农业发展方式、推进现代农业发展。全国首批107个创建试点县（市）2016年农产品

质量安全监测合格率达到 99.3%、群众满意度达到 90%，比创建前分别提高 2 个和 20 个百分点。2017 年 3 月，国家启动第二批 215 个县市创建试点工作，进一步扩大了创建范围。30 个省同步开展了省级创建工作，创建省级农产品质量安全县 477 个。推动各地落实责任、加大投入、创新机制，大力推进监管体系建设、标准化生产、全链条监管、全程可追溯管理和诚信体系建设，见插文 2-3。

插文 2-3　我们应该重点关注哪些创建任务

国家农产品质量安全县创建，要满足人民群众安全消费需求，体现区域"菜篮子"产品主产县的最好水平，对周边地区、本省（自治区、直辖市）乃至全国范围的农产品质量安全工作能起到示范引领作用。我们应该重点关注以下几项重点任务：

1. 农产品生产经营者管理。落实生产经营者的主体责任，100%落实生产记录、质量承诺和从业人员培训制度，严格执行禁限用农兽药管理、农兽药休药期（安全间隔期）等规定。屠宰企业落实进厂（场）检查登记、肉品品质检验特别是"瘦肉精"检测等制度，严格巡查抽检。农产品收购储运企业和批发市场 100%建立进货查验、抽查检测、质量追溯和召回等制度。建立农产品生产经营主体监管名录和"黑名单"制度，依法公开生产经营主体违法信息。完善病死畜禽和不合格农产品无害化处理法律。

2. 农业投入品监管。强化农药、兽药、饲料及饲料添加剂等农业投入品市场准入管理，建立生产经营主体监管名录制度。落实农业投入品生产经营诚信档案及购销台账制度，建立高毒农药定点经营、实名购买制度，建立农药包装废弃物收集处理体系，实施兽药良好生产和经营规范，强化养殖环节自配饲料监管。推进放心农资连锁经营和配送，畅通经营主渠道。建设农业投入品监管信息平台，县域内农业投入品 100%纳入平台管理。建立农业投入品质量常态化监测制度，定期对县域内主要生产基地、交易市场的投入品开展监督抽查。加强农业投入品使用技术指导，严格执行禁限用农兽药、饲料和饲料添加剂有关规定。打击农业投入品生产环节非法添加行为，取缔无证无照农业投入品生产企业。

3. 农业标准化生产。按绿色生产理念推广质量控制技术，推行统防统治、

> 绿色防控、配方施肥、健康养殖和高效低毒农兽药使用，制修订与国家标准、行业标准相适应配套的地方主要农产品生产操作规程，入户率达到100%。支持发展联户经营、专业大户、家庭农场及农民合作组织，提高农业生产组织化程度。加强技术指导和服务，推进标准化生产。加大宣传培训力度，普及相关法律法规和标准知识。推进蔬菜水果茶叶标准园、畜禽养殖标准化示范场、水产标准化健康养殖示范场建设。推行农产品质量安全认证，强化证后监管，健全认证补贴奖励机制。积极推进农业品牌化建设，无公害农产品、绿色食品、有机农产品、良好农业规范等获证产品占当地食用农产品生产总量或面积的比重达到40%以上，农产品地理标志登记保护工作有序推进。开展产地环境和污染状况监测，加强畜禽养殖粪便污染防治，科学合理调整农业结构和区域布局。

（6）理顺监管制度机制

全国人大常委会修订了《食品安全法》，国家对农产品质量安全和食品安全监管体制进行重大调整，由原先多部门监管调整为以农业、食药两部门为主，农业部门履行食用农产品从种植养殖到进入批发、零售市场或生产加工企业前的监管职责；食品药品监管部门履行食用农产品进入批发、零售市场或生产加工企业后的监管职责。原农业部、原食品药品监管总局联合印发了《关于加强食用农产品质量安全监督管理工作的意见》（农质发〔2014〕14号），对农产品的法律定义、两部门的监管范围、产地准出与市场准入的衔接、监管能力与监管执法的合作、检验检测资源的共享、舆情监测和突发事件交流协同、基层监管部门在个案问题上的处理等问题进行了明确界定，进一步加强食用农产品质量安全监督管理工作衔接，强化食用农产品质量安全全程监管。

（7）大力推进社会共治

《食品安全法》提出食品安全社会共治的理念，赋予行业协会、新闻媒体、组织和个人权利义务，彰显社会共治的决心。农产品质量安全监管也将引入这一制度，促进社会力量共同推进农产品质量安全治理。近几年，原农业部门建立完善农产品质量安全、农业投入品信用体系，开设农安信用平台，加大信用信息公开力度。实行黑名单制度，对制售假劣农资严重失信行为开展联合惩戒，

鼓励社会各界参与监督农产品质量安全违规行为。同时，加大信息公开力度，拓宽公众参与渠道，重点开展农产品质量安全宣传周/日、农产品质量安全知识宣传走进社区、记者行、开放日等公益活动，支持媒体科学准确客观地监督，开通政府微博、12316 举报电话等，畅通农产品质量安全举报渠道，努力引导形成人人重视质量、人人关心安全的社会氛围。

(8) 实施农产品质量安全追溯

追溯管理是一种集标准化生产、规范化控制、品牌化营销和信息化服务为一体的监管模式，是一种能通过产品查找到源头的管理方式，比如通过大家熟知的“二维码”形式，通过手机扫一扫我们就知道农产品的产地在哪、谁生产的、田间管理如何以及经过哪些流程到达消费者手中。近几年，各地区、各行业开展了大量的试点工作，取得了较好的成效和经验。随着农业生产规模化程度不断提高、“互联网+”在现代农业发展中得到广泛应用，农产品质量安全追溯体系建设进程加快，实施种子追溯编码标识、兽药二维码制度和农药质量追溯试点。国家农产品质量安全追溯信息平台于 2017 年 6 月正式上线试运行，即将成为政府智慧监管和公众信息查询的云平台。

2.1.2 监管面临的突出问题

目前，尽管我国农产品质量安全水平较高，监管能力显著提升，但农产品质量安全问题和风险隐患仍然存在，由于农产品质量安全工作起步晚、基础弱，基层缺人员、缺经费、缺手段的情况仍较普遍，个别地方监管责任不落实、工作难到位的现象时有出现。公众对农产品的要求已从过去只求吃饱变成吃好、吃得安全放心和营养健康，农产品质量安全已成为全面建成小康社会、推进农业现代化需要着力解决的重大问题。

(1) 质量安全隐患仍然存在

当前，农产品质量安全最大的隐患仍然是蔬菜农药残留超标和畜禽、水产品禁、限用药物残留的问题。农药、化肥等的大量使用，虽然确保了农作物产量的不断增加，但由于有些地区农药超标使用诱使病虫抗耐药性增强，形成农药用量再次增加的恶性循环，收获物中农药残留量增加等问题也日渐突出。随着我国养殖业由传统饲养方式向规模化、集约化的养殖模式转变，养殖生产中对兽药和饲料的依赖性也越来越高，致使有害物质残留超标的现象也越来越严重，给畜产品和水产品质量安全带来了隐患。

（2）监管力量相对薄弱

农产品生产链条长，生产环境开放，不可控因素多，各个生产环节对农产品的质量安全都有不同程度的影响，农产品质量安全监管工作重心必须落到基层，对农产品生产经营的各个环节进行全程控制，才能确保消费者购买到符合要求的农产品。但是由于起步晚、底子薄，监管机构人手少、经费不足、执法能力弱的情况依旧存在。各地工作开展也不平衡，一些地方监管工作不到位，有关责任不落实，存在上热下冷、上紧下松的现象。加上监管体制方面的一些客观情况，容易造成监管空白或交叉。

（3）期盼和要求越来越高

21 世纪以来，连续多年的中央一号文件，都对农产品质量安全工作做出部署。习近平总书记、李克强总理多次做出重要指示和批示，将农产品质量安全工作摆到了前所未有的高度，提出了明确要求。公众对农产品的要求已从过去只求吃饱变成吃好、吃得安全放心和营养健康，农产品质量安全已成为全面建成小康社会、推进农业现代化需要着力解决的重大问题。

2017 年 3 月，为贯彻落实党中央、国务院决策部署，稳步提升农产品质量安全水平，确保农业产业健康发展和公众“舌尖上的安全”，原农业部研究编制了《“十三五”全国农产品质量安全提升规划》，明确提出农产品质量安全监管方向，见插文 2-4。

插文 2-4　“十三五”农产品质量安全监管方向

《“十三五”全国农产品质量安全提升规划》强调，将牢固树立并切实贯彻绿色发展理念，坚持质量兴农，把农产品质量安全作为推进农业供给侧结构性改革、建设现代农业和健康中国的重要任务，坚持“产出来”与“管出来”两手抓、两手硬，以“源头治理、全程管控，突出重点、风险防范，部门联动、分级负责，创新驱动、社会共治”为基本原则，大力推进标准化生产、绿色化发展、规模化经营、品牌化创建、法制化监管，带动农业转型升级，提高质量效应，逐步探索出一套符合中国国情和农情的农产品质

量安全监管模式，切实保障农业产业健康发展和公众“舌尖上的安全”。重点在以下八个方面发力：

（1）抓绿色优质农产品供给。顺应国内消费结构升级趋势，迫切需要把增加绿色优质农产品供给放在更加突出的位置。积极融入农业供给侧结构性改革的大格局，把农产品质量安全作为现代农业建设的关键环节，加快推进农业标准化生产、绿色化、品牌化发展，加强品种创新、品牌建设、品质提升，以满足公众的多样化、个性化需求。

（2）抓执法监管。坚持问题导向，始终保持高压严打态势。在专项整治上，农业部今年部署开展7大专项整治行动，重点在农药、“瘦肉精”、生鲜乳、兽用抗生素、生猪屠宰、“三鱼两药”、农资打假等方面开展大力整治，为增加绿色优质农产品供给提供有力保障。在日常执法监管上，加大监督抽查、日常巡查检查、农产品质量安全执法力度，严打非法添加、制假售假、私屠滥宰等违法违规行为，依据法律严惩违法犯罪分子。

（3）抓监测评估。明确各层级监测工作定位，制定全国统一的农产品质量安全监测计划，统一会商研判，统一发布监测结果。推进隐患排查和风险评估，找准问题所在和薄弱环节，做到心中有数，防患于未然。发挥专家作用，支持开展相关问题研究和科技攻关，整体上提升质量安全的预警和防控的能力。

（4）抓应急处置。建立起“预警及时、反应快速、处置有力、科普到位”的应急体系，确保少出问题、不出大的问题。重点加强舆情监测，强化协调配合，主动应对，及时回应社会关切。针对一些社会关注度高的热点敏感问题，组织相关专家进行科普解读，正确引导社会舆论，防止一般性的问题演变成全局性重大问题。

（5）抓追溯管理。抓好国家平台建设运行，大力推动试运行区域的规模化企业加入平台、使用平台，出台农产品质量安全追溯管理试行办法，规范管理要求，确保运行质量。制定好国家追溯平台与地方、行业、部门平台的对接方案，加强沟通协调，必须做到上下、内外无缝衔接，优先实现与省级农业部门追溯平台对接。

（6）抓体系队伍建设。在监管体系上，加快建立，补齐缺口，推进标准化建设，进一步明确职责任务，健全管理制度，规范工作要求，切实发挥应有作用。在质检体系上，狠抓质检机构建设和管理，推动落实人员和运行经费，强化资质认证和人员培训。在基本建设上，积极争取财政资金支持，强化各级农产品质量安全监管设施装备，整体提升基层监管能力。

（7）抓制度机制建设。推动修订《农产品质量安全法》及畜禽屠宰、转基因等配套法规，要围绕农业产业链条，抓住农业投入品、产地环境、种植养殖、收贮运、畜禽屠宰等关键节点，制定相应的制度规范形成一整套制度体系，提升监管水平。同时完善工作机制，引入社会监督机制。

（8）抓农产品质量安全县创建。按照县创、省评、部公布征询意见的方式，每年确定一批县（区、市）作为创建试点单位，力争“十三五”末覆盖所有“菜篮子”大县。统筹建立质量安全县创建扶持政策和激励机制，加大项目安排、资金投入等方面倾斜力度，为创建工作提供有力保障。加强国家农产品质量安全县命名后的监督管理，实行定期考核、动态管理，对考核不合格或发生重大农产品质量安全事故的，严格执行退出机制，保证农产品质量安全县的示范引领和公信力。

2.2 农产品质量安全潜在风险与危害特征

农产品相比于工业产品，其影响质量安全的因素要复杂得多。农产品都是生物体，有其自身的、固有的生长发育成熟规律，依赖于大自然的水、土、气和光、温、热，以及独特的产地条件和环境因子，形成独具特色的品质特性和质量安全要素。此外，生产、加工、流通、消费等环节都可能带来风险，农产品质量安全还受到相关主体行为的影响。

2.2.1 农产品质量安全的潜在风险

农产品质量安全潜在风险是指农产品中潜在的生物、化学或物理性因子或

条件将对人类、动植物健康或环境产生不良效应的可能性和严重性。根据来源不同，可将潜在风险划分为种养殖过程可能产生的危害风险、农产品生长发育过程中产生的风险、农产品加工、贮藏与流通过程可能产生的风险以及农业生产中新技术应用带来的潜在风险等四个方面。

（1）种养殖过程可能产生的风险

一是因投入品不合理使用或非法使用造成的农药和兽药等有毒有害残留物。如为防治白粉病、炭疽病等病虫害，草莓在田间种植期需要打药 30 多次；如不能合理用药，某些农药的残留量便有可能超过国家规定。再比如，在肉牛饲养过程中，会对牛群施以头孢、泰乐霉素、氟喹诺酮等多种抗生素以预防疫病，如不能严格控制使用剂量，抗生素就有可能会在肉牛体内残留，人食用后对人体健康带来影响。二是产地环境带来的危害，包括土壤中铅、镉、汞、砷等重金属元素，石油烃、多环芳烃、氟化物、六六六、滴滴涕等有机物；还包括养殖环境中的氨气、一氧化碳、甲烷，水体中的抗生素、洗涤剂、重金属元素等，均有可能对田间和农场中的农产品产生污染。这些都成为农产品质量安全问题产生的潜在因素。如插文 2-5，农业生产硝酸盐污染危害及相关防控措施。

插文 2-5　硝酸盐污染危害及管控方法

农业生产中化肥的大量使用也会导致农产品中的硝酸盐蓄积。含有大量硝酸盐与亚硝酸盐的饮水、蔬菜、粮食、鱼、肉制品等经人食用后，可使人直接中毒，在人体内达到一定剂量时会致癌、致畸、致突变，可严重危害人体健康。为了防止硝酸盐与亚硝酸盐的危害，要科学合理地施用化肥、禁止使用污水灌溉，实行污水、垃圾与粪便无害化处理等环保措施。

农业生态环境污染防治措施，除严格控制和消除污染源外，还可采取如下一些防治措施：

①利用植物防治。如选用具有较强抗性和耐污性的树种营造防污林带，以阻止大气污染物的扩散，并通过林网吸收污染物质等。某些对污染物敏感的植物，则可作为指示植物用来监测大气污染。

②利用某些生物的自净能力。池、沼、库、塘、湖泊等水域中的某些水生生物除能将酚、氰等毒物分解成无毒物质外，对汞、镉、铬、锌等元素也

有较强的吸收能力。

③耕作措施防治。对已被污染的土壤，除发挥土壤自然净化作用外，可通过深翻、刮土甚至换土等方法来消除污染。此外，增加土壤有机质含量可提高土壤的净化能力；施加石灰、磷酸盐、硅酸盐等可抑制植物对重金属的吸收。

④合理使用农药、化肥。如禁用和限制使用剧毒农药和稳定性强的农药，发展高效、低毒、低残留农药，以及利用天敌，培养抗性品种，采取综合措施防治病虫害等。

⑤维护生态平衡。可采取的措施包括种植防护林，禁止对草原、森林和水域的不合理开发以及保护和利用天敌等。

（2）农产品加工、贮藏与流通过程可能产生的风险

包括加工过程中引入的危害因素、加工环境不洁造成污染，贮藏条件不合理产生的危害、不合理或非法使用的保鲜剂、催熟剂和包装运输材料中有害化学物等产生的污染。主要分为化学性污染和生物性污染。如在水果储藏期间不按照国家规定的剂量、方法、品种和范围使用保鲜剂，高温灭菌设备没有清洗干净存在死角造成乳品污染，动物胴体清洗用水不洁造成交叉污染，冷库没有进行彻底消毒使存入的农产品受到污染，冷链运输过程中温度不稳定造成致病菌重新繁殖等，见插文 2-6。

插文 2-6　如何保障农产品物流安全

一是改进、提升农产品物流技术体系和建立符合当前对食品安全需要的现代物流系统；

二是加强对物流过程中各种能引起食品安全问题因素的监控；

三是使用安全的新型食品腐败微生物的控制技术，降低化学防腐保鲜剂的使用范围和使用量；

四是加强在物流过程微生物特别是引起食源性疾病的微生物的检验检疫，从而做到早发现早防治，以避免微生物引起的食品安全问题。

2015 年欧盟食品安全预警系统连续多次把来自中国的柚子等列为预警产

品，原因是这些柚子被检测出含有不符合要求的保鲜剂等化学物质。需要注意的是，在食品加工过程中，添加一定限量的食品添加剂（如着色剂、防腐剂、发色剂、保鲜剂等）对人体是安全的，国家食品安全标准中对食品添加剂的使用量做了明确规定，但长期（或超量）使用食品添加剂，易产生遗传毒性残留在人体内，产生新陈代谢紊乱、致癌等风险。

（3）农产品自身的生长发育过程中产生的风险

包括植物内生真菌毒素，如黄曲霉毒素、赤霉素等，人畜共患疾病，如沙门氏菌、禽流感病毒等。例如，常见的小麦和玉米因为感染了赤霉菌，导致产品中赤霉素含量超标，食用后可能引起人畜中毒。未成熟的或因贮存时接触阳光引起表皮变绿和发芽的马铃薯，会产生大量天然植物毒素——龙葵素，如果大量食用这种马铃薯就可能引起急性中毒。著名的“毒物”黄曲霉毒素，也是含油农产品在生长发育和储藏期间滋生的。黄曲霉毒素的毒性位列各种毒物的前列，还被证实是严重的致癌物质。此外，不要将受黄曲霉毒素污染的饲料喂养牲畜，如黄曲霉毒素 B_1 在奶牛体内能转化为有致癌作用的黄曲霉毒素 M_1 进入牛奶，进而入侵人体，黄曲霉毒素污染防控见插文 2-7。

插文 2-7　黄曲霉毒素污染防控

黄曲霉毒素（aflatoxin），是一种有强烈生物毒性的化合物，常由黄曲霉及另外几种霉菌在霉变的谷物中产生，如大米、豆类、花生等，是目前为止最强的致癌物质。加热至 280℃ 以上才开始分解，所以一般的加热不易破坏其结构。谷物储存不当，极容易发霉变黄，产生黄曲霉毒素。可从以下几方面预防：

一是改良种植技术和收获方法。采用合理轮作，优质果壳完整等。受损原料易被霉菌从伤口处污染，在收获和储存时尽量减少籽粒损伤，避免虫害、鼠啃和磨压，防止谷物、花生等表面受损，剔除破损籽粒。

二是改良储藏方法。降低水分，一般谷物含水量在 13% 以下，玉米在 12.5% 以下，花生仁在 8% 以下，霉菌不易繁殖；降低温度，理想储存条件是将粮食储存于干燥低温状态，温度在 12℃，能有效控制霉菌繁殖和产毒；降低氧气浓度，抑制黄曲霉菌的产生；加强管理，如优质仓库干燥、通风，不要将已受污染的农产品与没有受污染的农产品混放。

三是适时应用防霉剂。防霉剂添加可延长粮食保质期。常用防霉剂主要有丙酸或其盐、山梨醇及其盐类、双乙酸钠、延胡索酸等。其中，又以丙酸及其盐类（丙酸钠、丙酸钙）应用最广。另外，为防止粮食在储存过程中发热霉变，目前还使用一些如溴甲烷、二氯乙烷及环氧乙烷等化学熏蒸剂，通过杀灭仓虫防止虫体表面沾染的霉菌菌丝孢子播散或直接防霉，但使用时需严格按照有关要求，并注意环境和人身安全。

（4）农业生产中新技术应用带来的潜在风险

原农业部2017年发布，经政府批准的转基因农产品是安全的，具体见插文2-8。如外来物种侵入、非法转基因品种、新型投入品的引进、新型加工工艺等。例如，辐照食品加工技术是利用射线辐照食品，以达到抑制发芽、杀虫、灭菌、调节成熟度、保持食品鲜度和延长食品货架期的一项物理保藏技术。有些农产品，如茶叶灭菌和大蒜抑制发芽等只能用辐照技术来实现。在规定剂量下基本不存在安全问题，但剂量过大会造成食品致癌物和诱变物及其他有害物质生产等。又如，近年新兴的超高压技术，对大多数食品中的致病微生物有良好的杀灭效果，并凭借其低温加工的优势，能够有效地保存新鲜农产品的色、香、味和营养。但是对于一些含芽孢的食品，如肉制品，低压处理不仅无法杀死芽孢，反而会促进休眠中的芽孢萌发，这就带来了新的风险。

插文2-8　农业部：经政府批准的转基因农产品是安全的

2017年2月27日，中国农业部召开全国农业转基因生物安全监管工作会议。会议强调，转基因是一项新技术，也是一个新产业，具有广阔的发展前景。通过科学严格的安全评价，经政府批准的转基因农产品是安全的。发展转基因是国家战略，中央对转基因工作要求是明确的，也是一贯的，即研究上要大胆，坚持自主创新；推广上要慎重，做到确保安全；管理上要严格，坚持依法监管。

会议对2017年中国农业转基因监管工作进行了五项部署。一是突出监管重点。继续做好研究试验、南繁基地（中国重要育种基地，位于海南省）、

品种审定、种子生产、加工经营等环节监管，强化番木瓜苗木生产和进口环节监管；二是落实主体责任。督促研究试验单位、种子企业、进口企业、加工企业切实担负起主体责任，落实监管措施；三是强化管理责任。加强属地管理，继续做好绩效考核、约谈问责、督导检查，层层传导压力，层层落实责任；四是加大科普宣传。拓宽渠道、搭建平台、建好队伍，科学发声、主动发声、经常发声；五是提升监管能力。加强监管体系建设，提高技术支撑能力，加大案件曝光力度，主动接受社会监督。

2.2.2　农产品质量安全的危害特征

农产品质量安全危害具有隐蔽性、易发性、差异性和后果不可逆等鲜明特性。

（1）隐蔽性

农产品质量安全危害通常肉眼无法辨别，只有通过人食用之后的反应才能感知。其中的有害成分，需要借助一定的检测设备才能识别，有的还需进行人体或动物实验。与此同时，农产品质量安全危害成分检测，也受到经济发展水平和科技能力等条件的制约，部分参数或指标的检测难度大、检测时间长，质量安全状况短期内难以准确判断，甚至现有的检测技术还识别不出其中隐藏的未知风险。这也是人们常常感觉到的“标准滞后于问题，监管滞后于媒体”的客观原因。如“三鹿奶粉”事件、“瘦肉精”事件等，都是反映了农产品质量安全危害的这一特征。

（2）易发性

农产品质量安全与老百姓的日常生活密切相关。在我国居民膳食结构中，鲜活农产品约占 70%。同时，农产品生产周期长，且产地环境多是开放性的自然地理环境，产地土壤、大气、灌溉水中含有的有毒有害物质，均可能在农产品中直接残留，从而造成本底性污染，污染源很难控制。农业规模化种养殖程度低，农民对化肥、农药、兽药、饲料等农业投入品的认知和使用情况差异巨大，农业生产资料市场不规范，化肥、饲料、农药、兽药等含有的有毒有害成分可能在农产品中直接残留；鲜活农产品冷链物流普及率低，保障措施落后，以致在生产流通销售的每一个环节都有可能出现农产品质量安全风险。即使到达消费者手中的农产品是安全的，还有可能出现非生产链风险，如河豚鱼毒素。

（3）差异性

从供给看，我国耕地面积达20.25亿亩（135万km^2），家庭承包经营户2.3亿户，农业从业总人数达2.7亿人，在家务农劳动力平均年龄55岁，加之各地不同的生态、经济和社会等因素，农业生产者的知识水平和种养殖技术不一。因此，即使是同一品种的农产品，其质量安全水平可能也有差异。从需求看，不同人群的消费习惯、收入水平、科学素养以及质量安全认知存在显著差异，进而对质量安全的需求也不一样。同时，从我国的农产品质量认证制度看，包括未认证农产品和通过质量认证的农产品两类。通过质量认证的农产品，又分为无公害农产品、绿色食品、有机农产品、地理性标志农产品，简称“三品一标”，其质量安全水平各有不同定位。当然，无论是认证农产品还是未认证农产品，其质量安全水平均应达到我国食品安全国家标准，保障基本的消费安全，这是农业生产的底线。

（4）不可逆性

农产品质量安全危害对消费者身体健康的影响，一旦造成，很多是不可逆的。有的因此而出现的疾病伴随一生，有的甚至会影响到生命安全。如2008年发生的“三鹿奶粉”事件，根据我国官方公布的数字，截至2008年9月21日，因使用婴幼儿奶粉而接受门诊治疗咨询且已康复的婴幼儿累计39965人，正在住院的有12892人，此前已治愈出院1579人，死亡4人，另截至2008年9月25日，香港有5人、澳门有1人确诊患病。这一事件也引发了消费者对国产乳制品的信心流失，乳制品生产行业面临前所未有的严冬，甚至近年来我国乳制品行业仍笼罩在“不被信任”的阴影之下。

2.3 农产品质量安全突发事件及基本特征

2006年11月1日施行的《中华人民共和国农产品质量安全法》规定，农产品是指来源于农业的初级产品，即在农业活动中获得的植物、动物、微生物及其产品，包括粮、棉、油、林、牧、渔、果、菌等八大类；农产品质量安全，

是指农产品质量符合保障人的健康、安全的要求。本书所论述的农产品质量安全突发事件与应急管理，主要针对食用农产品范畴。

2.3.1　农产品质量安全突发事件

根据原农业部2014年制定的《农产品质量安全突发事件应急预案》，农产品质量安全突发事件是指因食用农产品而造成的人员健康损害或伤亡事件。农产品质量安全突发事件分为四级：Ⅰ级、Ⅱ级、Ⅲ级、Ⅳ级。2011年修订的《国家食品安全事故应急预案》明确：食品安全事故是指食物中毒、食源性疾病、食品污染等源于食品，对人体健康有危害或者可能有危害的事故。食品安全事故共分四级：特别重大食品安全事故、重大食品安全事故、较大食品安全事故和一般食品安全事故。近年来，我国发生的典型农产品质量安全突发事件与食品安全事故案例见插文2-9。

插文2-9　典型农产品质量安全突发事件与食品安全事故案例

农产品质量安全突发事件——“毒生姜”事件。事件回放：2013年5月9日，山东潍坊农户使用剧毒农药“神农丹”种植生姜，被央视焦点访谈曝光，引发全国舆论哗然。而这次曝光则是记者在山东潍坊地区采访时，一次意外的反面查获报道。本来是准备对生姜种植大市，收集素材对潍坊菜篮子工程做正面的典型报道。没有想到从当地田间，突然发现了剧毒农药包装袋，记者看到这个蓝色包装袋，上面显示神农丹农药。每包重量1kg，正面印有“严禁用于蔬菜、瓜果”的大字，背面有骷髅标志和红色“剧毒”字样。这一发现让记者大吃一惊，这里竟然还有人明目张胆滥用剧毒农药种植生姜，这可不是一般的小问题，而是涉及众多老百姓的生命安全问题。记者不动声色，在3天的时间里，默默走访了峡山区王家庄街道管辖的10多个村庄，发现这里违规使用神农丹的情况比较普遍。田间地头随处都能看到丢弃的神农丹包装袋，姜农们不是违法偷偷地用，而是成箱地公开使用这种剧毒农药。此报道一出，立即成为一个公共事件。

据悉，神农丹主要成分是一种叫涕灭威的剧毒农药，50毫克就可致一个50公斤重的人死亡。当地农民对神农丹的危害性都心知肚明，使用剧毒农药种出的姜，他们自己根本就不吃。而且当地生产姜本身就有两个标准。一个是出口国外的标准，那是绝对不使用剧毒农药的，因为检测严格骗不了外商。另一个就是国内销售的标准，可以使用剧毒农药，因为国内的检测不严格，当地农民告诉记者，只要找几斤不施农药的姜送去检验，就能拿到农药残留合格的检测报告。

食品安全事故——福喜公司使用过期肉事件。事件回放，据2014年7月20日东方卫视晚间新闻，记者卧底两个多月发现，麦当劳、肯德基的肉类供应商上海福喜食品有限公司存在大量采用过期变质肉类产品的行为。这家公司被曝通过过期食品回锅重做、更改保质期标印等手段加工过期劣质肉类，再将生产的麦乐鸡块、牛排、汉堡肉等售给肯德基、麦当劳、必胜客等大部分快餐连锁。为了掩盖种种见不得光的生产行为，上海福喜还处心积虑地做了对内、对外两本账。记者调查发现：2014年6月18日，18t过期半个月的冰鲜鸡皮和鸡胸肉被掺入麦乐鸡原料当中。记者还称，这些过期鸡肉原料被优先安排在中国使用。另外，肯德基的烟熏肉饼同样使用了过期近一个月的原料。更令人惊讶的是，供应给百胜的冷冻腌制小牛排过期7个多月照样使用。2014年6月11日和12日，加工的迷你小牛排使用了10t过期的半成品，这些材料原本都应该作为垃圾处理掉。除了可疑的保质期、掉在地上的肉饼、混合次品的鸡块，我们的记者在调查中，还拍到了已经发绿、发臭的小牛排。

2.3.2 农产品质量安全突发事件基本特征

（1）问题集中度高

农产品质量安全突发事件的发生，往往会形成一个问题核心。因农兽药残留、违禁添加物、重金属残留、微生物污染、致癌物质等某一因素，对人体造成急性或慢性中毒，甚至致癌危害时，农产品质量安全会被这一因素“包裹”，导致整个农产品质量安全问题严重性、话题性，从而造成公众的不安或恐慌。如某一地区仓库因微生物污染产生黄曲霉毒素使粮食变质的“陈化粮”，食用后可出现发热、腹痛、呕吐、食欲减退，严重者在2至3周内出现肝脾肿大、

肝区疼痛、皮肤黏膜黄染、腹水、下肢浮肿及肝功能异常等中毒性肝病的表现，也可能出现心脏扩大、肺水肿，甚至痉挛、昏迷等症状。若“陈化粮”不慎流入市场，出现食物中毒事件，公众就会以“陈化粮”致毒为焦点，以讹传讹，牵一发动全身，各地粮食仓库都会受到波及，其安全性遭到质疑。

（2）媒体参与度高

大部分农产品质量安全突发事件，都会交织各种形式的媒体曝光，媒体参与度非常活跃。《农产品质量安全法》第三十八条明确规定，国家鼓励单位和个人对农产品质量安全进行社会监督。相较于个人和其他单位，媒体天生地具有社会监督和预警的功能，经由媒体报道的涉及农产品质量安全的突发事件屡见不鲜，几乎都能引发社会不小的震动。媒体俨然已成为突发事件进程的高度参与者，也是突然事件发生与处置信息传播的重要渠道。农产品质量安全突发事件属于高度敏感信息，媒体对于引导消费、农业生产和市场，乃至社会秩序稳定都有重大的影响，我国相关法规明确规定媒体参与要求，见插文 2-10。这就要求媒体对敏感事件信息发布要准确，事件信息的发布要坚持严格审核、适合发布、实时跟踪、及时回应的原则。

插文 2-10　相关法规明确规定媒体参与要求

中华人民共和国主席令　第 49 号《中华人民共和国农产品质量安全法》第三十八条：国家鼓励单位和个人对农产品质量安全进行社会监督。任何单位和个人都有权对违反本法的行为进行检举、揭发和控告。有关部门收到相关的检举、揭发和控告后，应当及时处理。

《中华人民共和国食品安全法》第十条：新闻媒体应当开展食品安全法律、法规以及食品安全标准和知识的公益宣传，并对食品安全违法行为进行舆论监督。有关食品安全的宣传报道应当真实、公正。

《中华人民共和国食品安全法》第一百四十一条：违反本法规定，编造、散布虚假食品安全信息，构成违反治安管理行为的，由公安机关依法给予治安管理处罚。媒体编造、散布虚假食品安全信息的，由有关主管部门依法给予处罚，并对直接负责的主管人员和其他直接责任人员给予处分；使公民、法人或者其他组织的合法权益受到损害的，依法承担消除影响、恢复名誉、赔偿损失、赔礼道歉等民事责任。

（3）影响波及面广

近年来，许多农产品安全事件虽然有一定的事实根据，但是其危害一般局限于某个时间点或有限地区，然而经过媒体的大肆炒作和社会舆论的发酵，最终演变成为地区性甚至全国性的农产品质量安全事件，影响波及面积广，给我国的农业发展和社会稳定造成了巨大的影响。事件发生后，随着时间的推移，事件的类别和级别可能会发生变化，其影响的广度和深度也会变得难以预测，有时甚至会产生一系列连锁反应，演变成一种综合性的社会危机。

（4）对产业冲击大

农产品质量安全突发事件，很容易造成相关产业巨大亏损，甚至是毁灭性打击。农产品质量安全突发事件大大影响消费者信心，使消费者对很多农产品望而却步，进而影响一些无辜产品的销售和生产。一旦出现突发事件，农产品滞销事件会轮番出现，给广大企业和农户带来巨大经济损失，见插文 2-11。

插文 2-11　典型农产品质量安全事件对相关产业的损失

海南“毒香蕉”事件：2007 年 3 月 13 日，广州《信息时报》推出广州香蕉感染“蕉癌”的重头报道，把香蕉生产中产生一种叫“巴拿马”的病害比喻成“蕉癌”。报道出来后，市场上立即出现香蕉有毒的谣言。接着，3 月20 日，《广州日报》曝光了 12 种常吃的“毒”水果，香蕉也赫然列入其中。这样，海南香蕉从 3 月 20 日前平均 2~3 元/kg 一路走低，最低收购价仅 0.3 元/kg，最低甚至降低到 0.15 元/kg。香蕉在市场上的销量大减，海南香蕉产区每天运销岛外的香蕉更是从原来的 7000~10000t 一下子锐减到 3000 来 t，很多烂在地里，给海南的香蕉产业带来了毁灭性的打击。当然，关于破坏性谣言重创海南农业这已经不是第一次了。2006 年 8 月，一家广东媒体报道说“西瓜注红药水”，使得人心惶惶，致使当地西瓜价格暴跌，海南瓜农累计损失约 3000 万元。

“三鹿”奶粉事件：2008 年中国奶制品污染事件（或称 2008 年中国奶粉污染事件、2008 年中国毒奶制品事件、2008 年中国毒奶粉事件）是中国的一起食品安全事件。事件起因是很多食用三鹿集团生产的奶粉的婴儿被发现患有肾结石，随后在其奶粉中被发现化工原料三聚氰胺。原国家质检总局

公布对国内的乳制品厂家生产的婴幼儿奶粉的三聚氰胺检验报告后，事件迅速恶化，包括伊利、蒙牛、光明、圣元及雅士利在内的多个厂家的奶粉都检出三聚氰胺，直接让政府损失 20 亿元。该事件亦重创中国奶制品信誉，12 月 23 日，宣布中国民族产业三鹿集团破产，多个国家禁止了中国乳制品进口。2011 年中国中央电视台《每周质量报告》调查发现，仍有 7 成中国民众不敢买国产奶。

北京草莓乙草胺事件：2015 年 4 月 25 日晚，中央电视台财经频道《是真的吗》节目播出一组有关北京草莓的报道称，该栏目组记者随机在北京购买的 8 份草莓均检测出含有百菌清和乙草胺两种农药，前者含量符合国家标准，后者在国家的草莓残留物标准中并无登记，但相比欧盟标准，有的草莓超标 7 倍。据介绍，美国已把乙草胺列为 b2 类致癌物，如长期食用乙草胺残留的食物，可能会导致乙草胺的代谢物中毒，有致癌性。节目播出后，立即引发舆论的强烈关注，相关报道、评论在微信、微博疯狂转发，“致癌”草莓让民怨沸腾不已！北京乃至全国的草莓被推到了舆论的风口浪尖，农药残留更是众家批判的对象，在消费者中造成了恐慌。受致癌说影响，北京昌平草莓遭遇“滑铁卢”。仅半个月时间，昌平区 6000 栋草莓日光温室已造成经济损失人民币 2683 万元，观光采摘游客骤降 21 万人次，草莓的身价也随之暴跌一半多。全国范围内多个草莓种植地区受到影响，草莓种植户面临数十亿亏损。

（5）易引起社会情绪

随着生活水平的提高，人们对于生命安全、生活质量更加关注。近年来，农产品质量安全事件频发，如瘦肉精、海南毒豇豆、青岛毒韭菜、染色橙、毒生姜等，这些事件的发生，不断挑战公众神经细胞，加重了公众对农产品质量安全的焦虑。一方面，工业废弃物对环境的污染，大量化肥、农药和生物激素的使用都会对农产品质量安全产生影响，使人们反应较为激烈，对不安全因素容忍更加有限。另一方面，公众对农产品质量信息在很大程度上是不知情的，仅凭感官或是标识、标签无法全部掌握，信息不健全或虚假不可靠，也引起公众对农产品质量安全的担忧。

(6) 暴露监管弱项

习近平总书记曾强调，“能不能在食品安全上给老百姓一个满意的交代，是对我们执政能力的重大考验。”农产品质量安全问题已引起政府部门的高度重视，并已建立了一套较为完备的生产引导、日常监管和重点督查机制。但受制于我国农业生产分散、环节多、水平不高、监管起步晚等制约，环境污染，农药化肥、生物激素等投入品类日益增多，加之信息化手段快速发展，在监管方面政府职能部门不可能面面俱到，即使在发达国家，食品安全、农产品质量安全监管方面也难做到万无一失。从另一个意义上看，农产品质量安全突发事件，往往也暴露了当前监管的盲区和弱项，对进一步促进和完善监管措施起到积极作用。

2.4 农产品质量安全突发事件成因分析

2.4.1 密不透风监管难度大

近年来，连续出现的农产品质量安全突发事件，最主要的原因来自生产环节监管难度大，市场监管力度不够，农产品准入制度不严格。由于农产品从生产到消费经历的环节多，加之质量安全状况难以通过外观识别，一些中小城市的农产品交易所设备和机械简陋，人员配置不及时，对质量监督的重视程度不足，导致了一些风险农产品被投入到市场中。其次是交通条件，山区、乡村等地方的交通往往不便利，牛奶、蛋、肉、海鲜以及各种水果不能及时运送到，而为了一味追求新鲜活，很多不法商贩向内加入各种违禁添加物，或违规超量使用食品添加剂，从而导致了一部分农产品质量安全恶性突发事件的发生。

2.4.2 生产者守法意识淡薄

我国传统农业生产经营模式占比重，且农产品生产过于分散，生产者农业技术服务水平不高、质量安全意识不强，使得违法违规行为时有发生。如近年来由于滥用、乱用抗菌药物使大肠杆菌的耐药性逐年增加，养殖场中的大肠杆

菌耐药情况严重，而且呈多重耐药性。我国对剧毒、高毒农药以及非法兽药、添加物等设置了严格的禁用规定，但是由于生产者意识薄弱，在利益的诱使下仍出现非法使用违禁农兽药和添加有害物质的事件。原农业部明令禁止使用六六六、滴滴涕等剧毒、高毒农药，并且禁止克百威、涕灭威等在蔬菜、瓜果、茶叶和中草药上使用，但是过去几年豇豆、生姜等频繁曝出违禁农药检出；在畜禽养殖业中，为了提高产品的外观质量和营养成分含量，部分不法经营者非法添加有毒有害物质，包括生鲜乳三聚氰胺、生猪瘦肉精、饲料添加禁用药物、水产品孔雀石绿等。

2.4.3　现代信息传播推波助澜

媒体具有“双刃剑”性，既能“激浊扬清”正面宣传，又能“混淆视听”负面传播。农产品质量安全突发事件关系公众健康、饮食安全，并且带有一定的“耸人听闻”危害性，公众对农产品质量安全负面信息采取的基本态度即为——“宁可信其有，不可信其无”。因此，相关的报道很具新闻价值，非常能够吸引读者眼球，媒体趋之若鹜，抢占独家报道、发布最新消息。之后网民传播，各种信息充斥，人心浮动，致使突发事件急剧扩大。近年来，一些不实信息引发的农产品质量安全突发事件，接二连三地上演，给农业生产、农产品销售、农民收入，带来了很大负面影响，危及社会正常秩序。在一个多元社会里，读者的需求是多方面的。媒体的社会责任，恰恰体现在完整客观地报道真实信息，坚持正义公平的价值判断。

2.4.4　安全优质农产品供给不足

中共十九大报告指出，我国社会主要矛盾已经转化为人民日益增长的美好生活需要和不平衡不充分的发展之间的矛盾。在农产品质量安全领域，更是如此。从国际经验看，当恩格尔系数[①]在 50% 以上，人们主要关注的是食品的数量安全；当恩格尔系数在 40%～50%，人们逐步注重食品的质量安全；当恩格尔系数降至 40% 以下，人们对食品营养、安全卫生水平的要求会更高。

---

①　恩格尔系数，是指食品支出总额占个人消费支出总额的比重，是表示生活水平高低的一个指标。

2016 年,我国居民恩格尔系数为 30.1%，比 2012 年下降 2.9 个百分点，接近联合国划分的 20%~30% 的富足标准。这就意味着人民群众对农产品的要求，已经由“吃得饱”向“吃得好、吃得安全、吃得健康营养”转变，更多地考虑农产品是否安全、是否有益于健康，而且这种需求只会加强，不会减弱。农业供给侧结构性改革首要坚持质量兴农，更要强化农产品质量安全监管。“民以食为天、食以安为先”，食品安全的源头在农业，提升农业的供给侧水平，关键是在提升农业供给的质量和效率，也就是从源头上确保农业供给的质量。

2.5 农产品质量安全突发事件常见类型

2.5.1 真性事件

该类事件指因农产品生产环节受到人为滥用农兽药、违禁添加物、产地环境等主客观因素，导致农产品质量安全的确存在问题，引起突发事件。比如“海南豇豆”“镉大米”“瘦肉精”“毒生姜”等，见插文 2-12。解决因农产品质量安全突发真性事件，必须立足治理，加强生产环节的治理与管控，强化“产出来”与“管出来”两手一起抓，真正从农产品质量上符合产品标准。在事件发生后，加大惩处力度，提高违法违规成本，以起到震慑作用。

插文 2-12 典型农产品质量安全真性事件

海南“毒”豇豆事件：【事件要览】2010 年 1 月 25 日至 2 月 5 日，武汉市农业局在抽检中发现来自海南省英洲镇和崖城镇的 5 个豇豆样品水胺硫磷农药残留超标，消息一出，全国震惊。农药残留超标事件对海南豇豆的价格和销量都有很大影响。记者在三亚、陵水等地走访发现，目前豇豆价格跌至谷底，从春节前最高时的每斤 3 元多降至每斤 0.4 元。【事件原因】“有毒”豇豆“生成”的五大主要原因：一是海南冬季瓜菜生产没有完全实现标准化。农民千家万户分散种植，收购商在田间地头收购，每家每户使用的肥料和农药都有差别，导致事件的主要原因。二是农资市场亟待加强监管。

从农业部门排查的情况看，虽未发现销售剧毒农药的农资店，但不敢保证海南就没有剧毒农药。农资店大多规模小，经营分散，监管比较困难。三是农民科学用药知识缺乏，许多农民不知道使用高效低毒的农药替代国家禁止的剧毒农药。四是农产品质量监测体制机制存在薄弱环节。很多市县检测设备缺乏，机构、人员配备不足，质量意识不强，凸显质量监管是海南农业部门的薄弱环节。五是农产品追溯系统没有建立起来。目前已有一些合作社建立用药台账、配送可查制度，但要在全省范围内实施，还有很大难度。

湖南“镉大米”事件：【事件要览】南方日报 2013 年 2 月 27 日报道，湖南省多家国家粮库相关人士投诉称，2009 年深圳市粮食集团有限公司在湖南购买了上万吨食用大米，经深圳质监部门质量标准检验，该批大米质量不合格，重金属含量超标，质检部门的意见是不能储备，只能用于工业用途。但随着大米市场价格的上升，深粮集团又将这批问题大米向外销售，流入口粮市场，严重危害消费者的身体。记者经过多月调查发现，该批次问题大米为早籼米，来自中央储备粮长沙直属库、湘潭直属库、常德直属库、益阳直属库以及湖南省粮食局直属的湖南粮食中心批发市场等中央直属库和地方粮库。该批次问题大米被发现后，深粮集团只返退了 100 余吨湘潭大米，其他的都被降价处理，并没有用于工业用途。这些问题大米辗转抵达珠三角的无数张餐桌上，对广东人民的身体健康构成严重危害。记者在广州市场随机抽取多批次湖南大米，结果均显示镉超标，属于不合格产品。南方日报曝出的“镉大米”问题引发了全社会的强烈关注，绝大多数网友表达了对食品安全问题的担忧以及对我国食品安全监管的批评。广东是湖南重要的大米输出地。消息传出后广东市场开始拒收产自湖南的大米，这给湖南大米加工企业带来巨大影响，最严重的地方甚至有 70% 以上的大米加工企业停工。事件还引发了社会与媒体对土壤重金属超标问题的高度关注，特别是作为粮食主产区土壤的污染问题，加速了我国对土壤重金属污染问题的关注与研究。中央电视台财经频道对湖南大米中镉超标问题的普遍性进行了深入调查。【事件原因】主要原因是湖南该地区，因产地环境土壤受到重金属、激素的有机污染，由环境污染长期积累导致稻米吸附重金属镉元素所致。

2.5.2 假性事件

农产品质量安全突发假性事件，即突发事件本身并不存在，而是由于消费者的认识不够，并经过媒体的大肆宣传和炒作，引起社会民众对食品安全的恐慌和不满，并影响了正常的农业生产。如近年出现的“皮革奶”“速生鸡”“香蕉乙烯利”“避孕药黄瓜”“西瓜膨大剂”等，均属于农产品质量安全突发假性事件，见插文2-13。又如2011年6月，一则“使用乙烯利催熟香蕉存在食品安全问题”的不实报道，导致合理使用化学催熟类药品喷洒的海南香蕉大量滞销，几天之内，香蕉价格下跌50%以上，并波及全国，使其他地方的消费者也产生了恐慌心理。2017年市民微信群、朋友圈流传的某蛋糕店销售“棉花肉松”的小视频，视频声称此肉松蛋糕用棉花染色后冒充肉松，引起了市民的恐慌和围堵蛋糕店的行为，造成了不良的社会影响，后经监管查证为不实信息。

插文2-13　农产品质量安全突发假性事件

“速生鸡”事件：【事件要览】中国经济网2012年11月23日报道了“雏鸡到成品鸡只需要45天，高温封闭饲养，饲料由肯德基、麦当劳以及诸多大型超市提供原料的山西粟海集团有限公司特制统一配送”“肉鸡用饲料和药喂养，饲料能毒死苍蝇”等，“速生鸡”安全问题迅即成为广大网民、消费者极大关注、热议的舆情事件。中央电视台于2012年12月18日在《朝闻天下》节目中曝光了山东一些养鸡场违规使用抗生素和激素来养殖肉鸡，并提供给肯德基、麦当劳等快餐企业的新闻。报道称，央视记者经过对山东青岛、潍坊、临沂、枣庄等地长达1年的调查之后发现，为了减少鸡的正常死亡，一些养殖户为了使得肉鸡能够快速生长，违规使用了金刚烷胺等抗病毒药品。同时，地塞米松等激素类药品也成为催生肉鸡生长的秘密“武器”。这些在我国兽药管理条例中违规使用的药品，让白羽鸡在40天能长5斤。央视记者发现，养殖户在交给屠宰场之后，由屠宰企业的检测人员来编造养殖纪录，物流中心有关人员只是根据屠宰场提供的证明，并没有进行再次的检验而直接卸货，并输送到了肯德基、麦当劳等快餐企业。中央电视台在2012年12月19日中午“新闻30分”报道称，此前央视曝光山东的问

题速生鸡进入百盛上海物流中心、被配送到了肯德基门店后，央视主播再次连线前方进行了跟踪报道。记者发现，肯德基从山东六和集团进的 8 万 t 鸡类产品实际上已经销售一空了，而药监部门抽取的这些样品并非六和集团的鸡类产品。至此，“速生鸡”话题被彻底点燃。【事件原因】“速生鸡”事件，更多是因为媒体及网民不了解畜禽养殖新品种、新技术及现代畜禽生产方式，也不排除个别养殖户、生产商违规用药。白羽鸡长得快主要是育种、饲料和环境条件。我国禁止人用药品用于养殖业生产、禁止在饲料和动物饮用水中添加激素类药品和其他禁用药品、禁止销售含有违禁药物或者兽药残留量超过标准的食用动物产品。

毒西瓜事件:【事件要览】2011 年，有媒体报道在江苏镇江百余亩西瓜“爆炸”，疑在种植过程中向西瓜表面涂了膨大增甜剂，使得西瓜能够吸水增重，导致内部压力过大而炸裂。消息一出，引起百姓恐慌，在卖西瓜时多了几分犹豫，总要向瓜农问一句有没有种的时候使用膨大剂？然而事实的真相却是，常用的“膨大剂”的主要成分是氯吡脲，这是一种通过影响植物体内的细胞分裂素、生长素、乙烯等内源性激素起作用的植物生长调节剂。这种膨大剂跟西瓜的水分代谢并没有关系，更不可能直接促进西瓜吸水，增加西瓜内的压力。如果没有天气、水分以及肥料等条件的综合影响，膨大剂是很难发挥作用的，不用说让西瓜爆炸，就是让西瓜快速长大都是问题。并且，对于西瓜来说，用 30mg/kg 浓度的膨大剂溶液浸泡幼果，40 天后瓜皮上的残留量低于 0.005mg/kg，低于我国规定浓度（0.01mg/kg）。正常使用是不会带来健康危害的。因此，这次事件是膨大剂背了黑锅。

2.5.3　导入型事件

此类事件主要因境外发生、引起国内关注的，从外部注入的信息，民众相关知识的缺乏，信息不对称的情况下，极易形成“羊群效应[①]”，引发国内农产品质量突发事件。如“日本核辐射”“德国肠出血性大肠杆菌”“中国台湾塑化剂”等事件。2011 年 3 月，受日本核电站爆炸引发的“核泄漏”恐慌在全国引起了“抢盐潮”，见插文 2-14，当人们看到或者听到别人抢购食盐时，他们的跟进行为又会导致短期内的集中购买，并造成“脱销”现象出现，“脱销”现象又进一步强化了人们的“盐荒”预期，使得抢购进一步升级，直至满城脱销。“羊群效应”究竟所为何来？从经济学上看，主要是可以归结为信息成本的存在。在这次“抢盐潮”中，大部分购买者主要是一些时间相对宽裕的大爷、大妈们，信息获取和甄别上的弱势地位，使得他们在做出相关决策中处于不利地位，并容易受到其他人的影响。再者，即便采取类似于“抢盐”的这种策略模仿行为，对于他们自身损失也不是很大，相对损失更是微乎其微。相反，采取与大多数人不一致的做法，往往意味着受到周围人们的压力。尽管有些网民发帖子认为“抢盐”可笑，但自己仍然跟风买盐。

插文 2-14　典型农产品质量安全突发境外导入型事件

日本“核辐射”事件：【事件要览】2011 年 3 月 11 日下午，日本东北部海域发生 9 级地震，并引发强烈海啸。强烈的海啸造成了日本福岛核电站的爆炸，日本政府宣布进入“核能紧急事态”，核电站周围的居民紧急撤离，引起的恐慌迅速升级，在随后的几天中，核反应堆出现爆炸，核泄漏随之发生。周边的国家陷入了核辐射恐慌之中，我国也不例外，各种防范辐射的措施和手段层出不穷，谣言伴随着恐慌席卷了大半个中国。在一条短信“如果

---

① 所谓“羊群效应”，简单地说就是指在群体压力下，个体为了增强其自身安全感，而采取与其他大多数社会行为主体相一致的行为与态度。一部分市场主体由于缺乏可以为决策提供重要依据的信息或者缺乏信息甄别能力，他们对于未来的预期主要依赖其他主体的行为和预期，并通过模仿他人的行为来选择自己的行为策略。导致人们的羊群效应除了心理因素，还有新闻媒体的消息传播、市场流言以及市场人气等因素。在信息不对称的环境下，市场主体无法直接获得市场真实信息，为趋利避害、获得更多决策所需信息，只有四处打探所谓的“内幕消息”或听信市场谣言，产生“羊群”集体行动，进而造成价格的非理性异常波动，价格时而狂飙突进，时而一泻千里。“羊群效应”可以被看成一种信号的放大机制，市场上一条并不重要的信息就很有可能通过这种放大机制在市场主体之间产生很大的共振，造成价格的剧烈波动。有研究证明，在信息不对称和预期不确定条件下，采取策略模仿行为的确可以带来理想收益。

实在不放心，可服用一定的稳定性碘来预防”的蛊惑下，服用碘盐可以预防辐射的信息通过手机短信迅速传播开来，使得这个谣传的信息成几何级数的增长，但在危机的处理过程中，公民的不理智、媒体的误读、政府的无效率各种因素加在一起，以至于“抢盐”风波四起。【事件原因】日本核泄漏后导致我国“抢盐事件”，直接原因与日本地震引发的核泄漏事故有关。一般认为，核辐射会对人体重要的生化结构与功能产生严重影响，并有可能导致癌症和一些遗传性疾病。正是核泄漏与核辐射的严重后果，引发了人们对于核泄漏与核辐射的恐慌。如何减轻核辐射对于人们身体的伤害也随之成为一个人们十分关心的现实问题。其次原因有人们对核污染知之甚少和信息不对称导致。

2.5.4　死灰复燃型事件

近年来，全社会“谈药色变”，老百姓普遍不信任那些在种植养殖过程中需要用药的产品。比如 2011 年 2 月某网络报道皮革奶粉、2011 年 5 月东方卫视报道避孕药黄瓜、2015 年 10 月山东电视台生活频道报道甲醛娃娃菜、2016 年 1 月泉州电视台报道催红草莓、皮革奶粉（见插文 2-15）等，此类报道因各种不准确的信息，甚至是散布谣言，会加剧公众的恐慌，造成事件发生。作为消费者，听说农产品质量安全事件，都会采取本能的逃避策略，“不吃即可”。新闻媒体监督是热门，其起到的舆论监督效果也是有目共睹的。新闻媒体参与监督农产品质量安全是好事，但应站在公正科学的角度，从专业知识角度客观报道，不能只为节目效果而曲解报道，误导消费者。随着互联网技术的运用和普及，当代信息传播方式发生了巨大的变革，网站、论坛、博客、微博、微信、飞信等广泛使用，人人都是信息发布者。增强新闻媒体公信力，谨守职业道德，强化新闻媒体的社会责任意识及机制，对于改善农产品质量安全监管和增强消费信心尤为重要。老百姓迫切需要听到权威的声音，政府具有掌握信息资源的绝对优势，它的特殊地位，决定了其在舆论引导中可以起到主导作用，而且必须发挥主导作用，必须为公众提供及时、准确、客观、全面的权威信息，在这种“没有硝烟的战争”中，政府的立言、立行都显得格外重要。

插文 2-15　皮革奶粉死灰复燃报道失实

中国网 2011 年 2 月 18 日报道：2 月 17 日下午，一则“内地‘皮革奶粉’死灰复燃长期食用可致癌”的新闻迅速登上各大商业门户网站的首页，引起了网友们的广泛关注。该报道称，疑有不良商人将皮革废料或动物毛发等物质加以水解成皮革水解蛋白，再将其掺入奶粉中，意图提高奶类的蛋白质含量蒙混过关。当天农业部奶业管理办公室工作人员在接受本报记者采访时表示，“检测皮革水解蛋白是农业部门按照国际通行的惯例来操作，近年来农业部门对这种物质每年都会检测的，今年检测计划也只是一次例行检测。”2010 年，农业部门尚未发现含有该物质的生鲜乳制品，媒体报道的“皮革奶”死灰复燃是失实报道。

2.6　农产品质量安全应急管理的基本要求

当前我国农业进入高质量发展阶段，做好农产品质量安全应急管理，应从国家总体安全观出发，立足国情农情，充分借鉴先进经验，应用现代科学技术，加快建立健全法律法规，完善应急体制机制。

2.6.1　保障民生安全

食品安全历来是重大的民生问题，全面提高食品安全保障水平是经济社会发展中重大而紧迫的任务。十九大报告明确提出，实施食品安全战略，让人民吃得放心。当前我国经济社会已进入战略转型期，“三农”形势的新变化、消费群体的新需求、社会经济的新业态等都构成了农产品质量安全监管必须面对和适应的新形势、新常态。全国上下对农产品质量安全的持久刚需，中央对政府监管部门职能转变的要求，我国农产品自给率下降和进口量增长态势，“互联网+”成为传统产业模式创新等新常态之下，我国必然要不断加强农产品质量监管，尤其是应急管理的政策和具体措施。

2.6.2 维护产业稳定

当前，媒体和老百姓对农产品质量安全问题越来越敏感，农产品质量安全与农业产业关联度越来越高。随着新媒体的迅速发展，一个小的问题很容易被炒作放大，引起连锁反应，对产业健康发展造成影响。如 2010 年“海南豇豆”农药残留超标事件后，海南豇豆价格从年前的 3 元/斤（1 斤为 500g），降至 1.7 元/斤，直接经济损失近十亿元。2015 年媒体发布的“毒草莓”谣言，导致北京种植户因毒草莓谣言损失 2683 万元，引发《人民日报》呼吁前期报道媒体应积极澄清此事。

2.6.3 增进社会信任

农产品质量安全需要社会各界共同参与，每一次突发事件的处置都是一次广泛对话。良好的应急管理能形成良性的互动关系，实现群众、官方和媒体的良好合作。官方与群众互动的过程中能够广泛收集到群众的关切，更加有针对性地开展农产品质量安全工作；官方通过主动邀请网络媒体负责人和记者参加座谈会、通气会，组织新闻发布、参观考察、跟踪报道等多种形式，主动向网络新闻媒体介绍农产品质量安全工作情况，尽可能地为其采访报道提供便利，发挥网络传播的优势，实现政府机关与网络媒体“互信、互助、互动”的良好合作，利用网络媒体的声音，树立政府机关的正面良好形象；官方还可以利用网络传播的新方式进行舆论引导，如通过政府门户网站留言、公开邮箱、开通政务微博等多种传播方式，与网民实时沟通、在线交流、通报情况，及时掌控突发事件网络舆情信息，减少负面新闻报道发生，为妥善处置突发事件网络舆情创造有利条件。

2.6.4 促进工作优化

时代瞬息万变，新情况、新问题随时在发生，每次突发事件的发生既是危机更是机遇，通过对每次突发事件的总结分析有利于我们进一步完善体系与机制。例如在《农产品质量安全法》等法律法规的修订过程中，相关突发事件中暴露的问题均是我们完善法律法规的重要依据；在国家、行业标准修订过程中，一些没有列入或者限量不合理的参数均可得到进一步的完善，使其更好地引导公众消费，又能符合生产实际，防止产生恐慌和不必要担忧。同时在应急管理的过程中，能够锻炼各级监管执法队伍的实战经验，有利于形成制度化、专业化的监管队伍，进一步提高我国农产品质量安全水平。

本章主要参考文献

[1] 农业部农产品质量安全监管局.2017 年农产品质量安全例行监测总体抽检合格率 97.8% [EB/OL]. [2018-01-18]. http://www.moa.gov.cn/xw/zwdt/201801/t20180118_6135311.htm.

[2] 农业部农产品质量安全监管局. 农产品质量安全突发事件应急预案 [EB/OL].(2014-01-21) [2014-05-08]. http://www.jgj.moa.gov.cn/yingji/201401/t20140121_3743886.htm.

[3] 中华人民共和国食品安全法（最新修订版） [M]. 北京：法律出版社，2015.

[4] 陈晓华. “十三五”期间我国农产品质量安全监管工作目标任务 [J]. 农产品质量与安全，2016 (1)：3-7.

[5] 王枤. 农产品质量安全应急管理研究 [D]. 北京：中国农业科学院，2014.

[6] 王艳. 农产品质量安全 [M]. 北京：中国农业出版社，2016.

[7] 平华，马智宏，王纪华，等. 农产品质量安全风险评估研究进展 [J]. 食品安全质量检测学报，2014，3 (5)：674-689.

[8] 农产品质量安全手册.http://www.wenkuxiazai.com/doc/917450000b1c59eef8c7b4b8-3.html.

[9] 肖扬书，闫晓明. 农产品质量安全风险分析 [J]. 现代农业理论与实践，2007：439-442.

[10] 郑先荣. 农产品质量安全风险特性与控制 [J]. 湖北植保，2012 (2)：44-47.

[11] 孙竹波，等.0.1%氯吡脲可溶性液剂对西瓜产量和品质的影响 [J]. 北方园艺，2006 (1)：25-26.

[12] 陈长龙，等. 氯吡脲在土壤和西瓜中的残留分析 [J]. 环境化学，2006，25 (6)：789-792.

第3章 农产品质量安全应急管理体系

应急管理体系的基本框架为“一案三制”，即应急预案、应急管理法制、应急管理体制和应急管理机制。本章主要阐述农产品质量安全应急管理的预案、组织、保障、宣教、体系构成、要素和功能。

3.1 法律体系

3.1.1 国家层面

目前与农产品质量安全应急管理的相关法律法规主要有：《中华人民共和国突发事件应对法》《中华人民共和国食品安全法》《中华人民共和国农产品质量安全法》《突发公共卫生事件应急条例》《中华人民共和国食品安全法实施条例》。在此基础上，又发布和修订了《国家突发公共事件总体应急预案》《国家食品安全事故应急预案》。2014 年，原农业部根据以上法律、法规、预案和《农业部农业突发公共事件应急预案管理办法》，专门制定了《农产品质量安全突发事件应急预案》，详细规定了农产品质量安全突发事件应急处置事前、事中、事后的管理方案。

3.1.2 地方层面

我国农产品质量安全事故应急管理的法律体系不仅包括国家法律法规、部门规章，还包括省级人大制定的地方法规，地方法规和规范文件，从上至下形成较为完善的法律体系。如北京市政府 2012 年发布《北京市食品安全条例》，湖北省政府 2017 年发布《湖南省农产品质量安全事故应急预案》，上海市政府 2003 年发布《突发公共卫生事件应急条例》，湖北省黄冈市 2011 年发布《农产品质量安全应急预案》，江苏省徐州市2012年发布《徐州市食品安全事故应急处置预案》、2013年发布《徐州市粮食应急预案》，江苏省南京市栖霞区农业局2017年发布《栖霞区农产品质量安全事件应急预案》，广东省长宁镇2014年发布《长宁镇重大农产品质量安全事故应急预案》，辽宁省黑沟镇2015年发布《黑沟镇农产品质量安全事故应急预案》等。此外，应急预案体系也具有较强的约束性和操作指导性。

3.2 预案体系

3.2.1 层级编制

国家制定突发公共事件应急预案，各部委制定分类预案及细化的子预案，地方政府和各部门参照上级预案、再根据本地实际情况制定相应预案。如原农业部在国家制定《国家突发公共事件总体应急预案》《国家食品安全事故应急预案》的指导性基础上，制定了《农产品质量安全突发事件应急预案》，该预案包含了组织体系、预测预警、应急响应、后期处置和应急保障等，见图3-1。

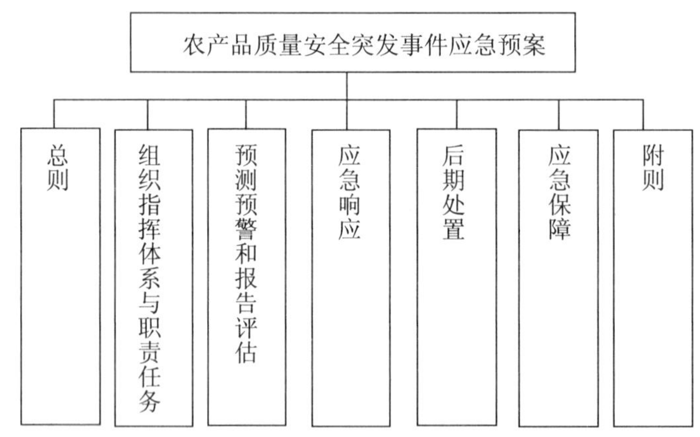

图3-1 农产品质量安全突发事件应急预案内容

上级部门需要对下级部门的预案制定进行指导和监督。下级部门必须重视相应预案的制定，完善制定程序，成立编制小组，开展突发事件的风险评估及

应急能力评估，对已经编制好的应急预案草案进行评审评估，保证预案的合法性，合理性，科学性，实际操作性。预案通过审核即可批准和公布实施，并报相关行政部门备案。这样分类齐全、层级衔接的预案构成完备的预案体系，见图 3-2。

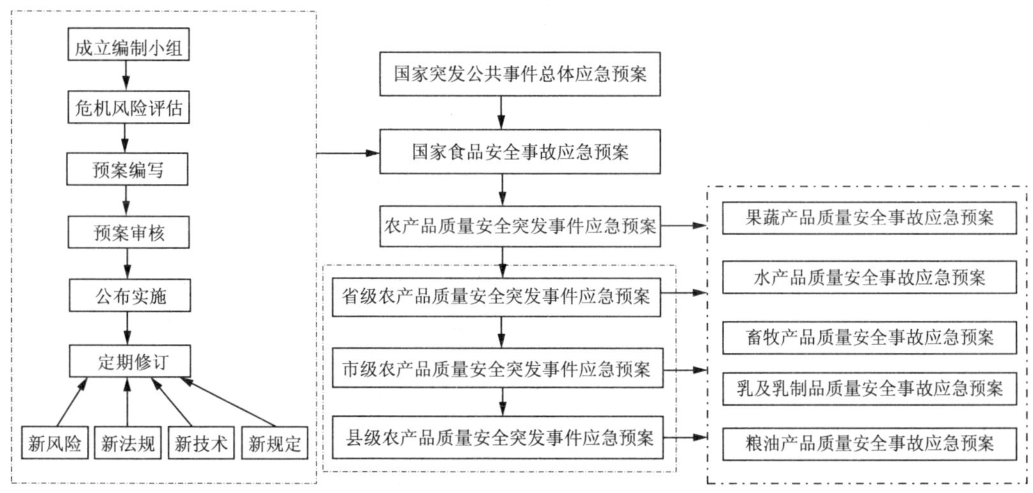

图 3-2　应急预案体系及编修程序图

3.2.2　内容完善

预案内容上尽可能详尽，程序合理，方便操作。主要内容有组织体系及职责任务、预测预警及风险评估、报告要求及内容、处置措施及程序、应急保障等。

此外，农产品质量安全突发事件的状况，随着社会经济的不断发展也会经常变化，只有及时对应急预案进行适当的修订，才能使应急预案在实际应用中与时俱进，适应各种变化。应急预案制定和修订必须按照严格的要求和程序。为确保预案推行落实到位，预案对组织体系做出了详细规定。

3.3　组织体系

农产品质量安全突发事件应急处置的组织体系主要包括处置的组织机构设

置和各机构责任分工。

3.3.1 组织机构

按《国家食品安全事故应急预案》的分级办法，农产品质量安全突发事件相应分为四级：Ⅰ级、Ⅱ级、Ⅲ级、Ⅳ级。应对组织机构设置：

Ⅰ级事件：原农业部成立农产品质量安全突发事件应急处置指挥领导小组，统一领导和指挥事件应急处置工作。总指挥由原农业部主管农产品质量安全监管工作的副部长担任，成员单位根据农产品质量安全突发事件的性质、范围、业务领域和应急处置工作的需要确定，包括原农业部相关司局和事业单位，以及事件发生地省级农业行政主管部门。领导小组办公室设在农产品质量安全监管局，办公室主任由局长担任，成员由应急处置指挥领导小组成员单位主管领导或主管处（室）负责同志担任。此外，还成立应急处置调查专家组、事件处置组、舆情应对组和后勤保障组，见图 3-3。

Ⅱ级、Ⅲ级、Ⅳ级事件：省、地（市）、县级农业行政主管部门在地方政府领导下，成立相应应急处置指挥机构，统一开展应急处置。总指挥由政府分管领导担任，领导小组办公室设在农业行政主管部门。

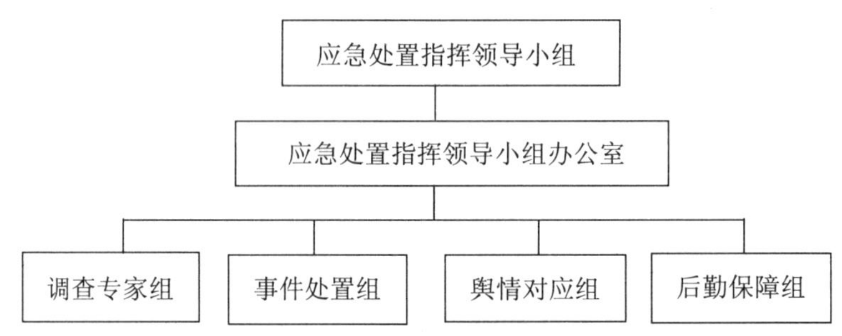

图 3-3 农产品质量安全突发事件应急处置组织机构图

3.3.2 责任分工

农产品质量安全突发事件应急预案启动后，应急处置指挥领导小组办公室、调查专家组、事件处置组、舆情应对组和后勤保障组等工作小组及其成员，应当根据预案规定的职责要求，服从应急处置指挥领导小组的统一指挥，立即按要求履行职责，及时组织实施应急处置措施。

(1) 事件发生单位和个人职责

1) 及时报告，农产品生产、收购、贮藏、运输单位和个人，农产品质量安全风险评估、检验检测机构和科研院所，农产品质量安全突发事件的单位和个人在农产品质量安全事件发生和可能发生时，应立即向当地农业行政主管部门、卫生行政主管部门报告，或者报告当地人民政府应急办公室。报告内容应包括事件发生单位、时间、地点、简要经过、危害人数、联系人及联系方式等内容。

2) 紧急救治，事件导致出现人员伤害病例的单位，如工厂、学校、幼儿园、福利院、机关等集体单位，应按照“以人为本”的原则，立即联系医疗机构，实施紧急救治。

3) 保护现场，当事单位还需要对疑似导致事故的食品及原料、用具、设备封存好，以备调查。

(2) 应急处置指挥领导小组办公室职责

1) 贯彻落实，及时贯彻落实领导小组的指示和意见，开展应急处置日常工作，拟定各项应急处置文件、方案报批后组织实施。

2) 组织协调，衔接上下级工作，组织协调各专业小组配合开展工作，协调各处置成员单位工作。

3) 检查督办，对有关地方、部门、单位及专业小组的应急处置工作进行检查督办。

4) 报告通报，及时向上级和各成员单位报告通报事件发生情况、处置进程。

(3) 调查专家组职责

1) 查找原因，现场调查、溯源调查或外围调查，必要时通过检验检测，医学试验查明事件发生原因。

2) 分析评估，根据调查的情况综合分析和评估事件发展趋势，预测后果以及事件可能造成的危害，为现场处置提供意见。

(4) 事件处置组职责

1) 协调救治，在当地人民政府统一指挥下，具体开展应急处置工作。协调卫生部门，组织受伤害人员救治。

2) 控制现场，控制事发现场，控制问题产品流向，控制环境污染蔓延，稳定现场秩序。

3）行政执法，开展行政执法，负责有毒有害农产品召回；对违法违规农业投入品经营行为和投入行为依法处罚。

（5）舆情应对组职责

1）舆情监测，负责舆情监测和分析，联系宣传部门，采取适当措施，协调有关媒体，控制负面舆情扩散。

2）信息发布，提供统一报道素材，及时以适当方式组织信息发布，确保一个渠道发声，做好舆论引导。

（6）后勤保障组职责

负责提供处置活动的人力保障、资金保障、物质保障，确保处置活动顺利高效开展。开展应急处置不仅需要严密的组织体系，更需要做好充分的保障。

3.4 保障体系

各级政府和部门按照职责分工和相关预案所做的应对突发事件的准备工作，构成强大的保障体系。农产品质量安全应急管理的保障体系，主要包含信息保障、医疗保障、人员保障、技术保障、资金保障和物资保障等方面。

3.4.1 信息保障

信息保障主要包含信息收集、信息处理、信息传递及信息汇总几个部分，见图 3-4。在实际的应急管理操作中，每个环节都是不容忽视的，只有在每个环节做好信息沟通交流，才能保证危害的正确传达。事前预防准备阶段主要是信息的收集、处理，响应阶段主要是信息的传递，事后主要是信息的汇总。不同的发展阶段需要针对不同的信息内容进行有效沟通。

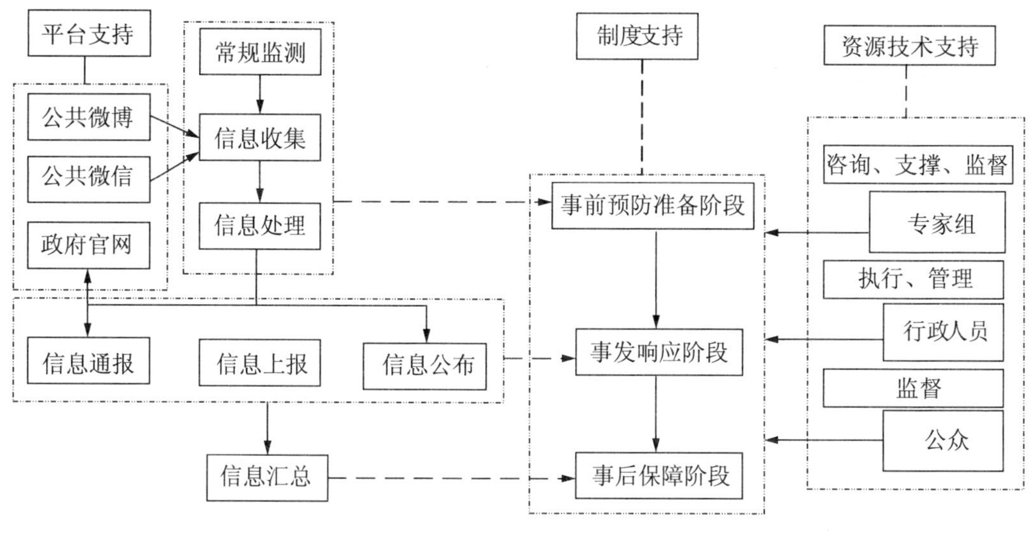

图 3-4　信息保障机制

3.4.2　医疗保障

主要由卫生行政部门建立健全医疗保障体系。如果农产品质量安全事件造成人员伤害，要能做到快速反应、运转协调、有效救治。如湖北省潜江市签订农药中毒救治协议详见插文 3-1。

插文 3-1　潜江市签订农药中毒救治协议

湖北省潜江市九三学社、市中心医院和市农业行政执法支队三方于 2015 年 12 月 2 日签署关于市民农药中毒抢救的协议，如发生市民误服农药或食用农药残留超标的农产品中毒事件，医院负责第一时间救治，执法支队则负责迅速提供农药成分及农药厂家标明的解毒方法，九三学社协调社会资源救助。

3.4.3　人员保障

农产品质量安全突发事件应急处置人员保障，主要来自以下几方面：

1）政府机关。领导及工作人员，起指挥协调作用；

2）农业行政主管部门。全系统人员，根据需要随时调配，应对处置的主力军；

3）其他职能主管部门。涉及相应职责的人员参与；

4）专业机构和单位。主要是医疗、检验检测、新闻媒体等单位技术人员和专业人员；

5）社会力量。根据事件应急处置的需要，动员和组织社会力量协助。

3.4.4 技术保障

农产品质量安全突发事件应急处置技术保障，主要有以下几方面：

1）检测检验技术。农产品检测、农业投入品检测、医学检验检测等技术；

2）医疗急救技术。主要是农药、重金属、毒素等解毒抢救技术，各种可通过农产品传播的流行病抢救技术；

3）监测预警技术。数据采集、分析处理、推送服务等；

4）应急处置技术。环境控制、现场调查、排除隐患等。

3.4.5 资金保障

医疗救治、检验检测、购买物质、培训演练和行政执法等应急处置所需资金由同级人民政府财政解决。如插文3-2所述案例。

插文3-2　某省拨付财政专款应对农产品质量安全突发事件

2010年2月某省突发蔬菜残留超标事件，社会舆论反应强烈，影响全省蔬菜外销。为挽回影响，该省积极应对处置，紧急拨付省级财政专款300万元，主要用于购买检测仪器及试剂等。对所有拟出省蔬菜全面检测，检测合格，发放准出证，无准出证不得销售。

3.4.6 物资保障

地方各级人民政府应根据有关法律、法规和应急预案的规定，做好物资储备工作。需保障的物资一般有：

1）应急通信装备：对讲机、移动电话等。

2）现场调查基本装备：执法记录仪、执法箱、扣压封条、抽样工具及抽样袋等。

3）应急办公装备：笔记本电脑、上网卡、便携式打印机、便携式快速扫描仪、移动存储器等。

4）快速检测检验装备：温度计、农残快速检测仪、三聚氰胺检测仪、瘦肉精-莱克-沙丁胺醇三联卡、孔雀石绿快速检测卡、甲醛快速测定仪、手持式（易滥用添加剂）快速检测仪、急性中毒快速检测箱、微生物快速检测箱等。

5）应急保障基本装备：应急工作服、应急灯、电线插头、防水接线板、警示标志等。

应该建立常设部门，专门负责农产品质量安全突发事件应急处置所需设施、设备、物资的调配和储备，保障资源的有效配置。地方企业及相关的慈善机构，也可以进行捐助（图 3-5）。

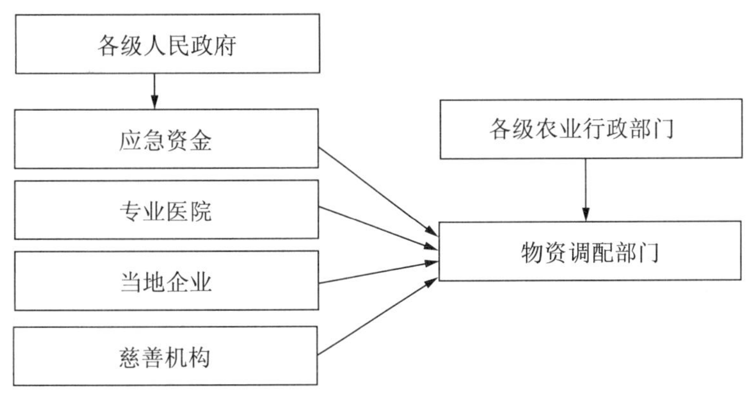

图 3-5　物资保障机制

3.5　宣教体系

3.5.1　宣传教育

（1）事故频发。近年来，农产品质量安全突发事件时有发生，但是纵观这些突发事件的发生、危害和原因，主要呈现趋势为：涉及农产品品类多并且少数农产品发生频率高。我国各类农产品均发生过，具有一定影响的质量安全事件（见第 2 章表 2-1），可按不同方式分类。

1）按农产品类型分类：

①种植业：蔬菜、水果、茶叶、粮食等。

②畜牧业：肉、蛋、奶等。

③水产品：鱼、虾、蟹等。

2）按发生频次分类：

韭菜、生姜、豇豆、猪肉、奶粉和水产品等产品发生频次高。

3）按问题类型分类：

①残留超标：农药、重金属等。

②非法投入：高毒农药、非法兽药以及非法渔药等。

③受到污染：环境污染、微生物污染等。

因此，针对农产品质量安全事件多发易发态势，必须加强日常宣传教育和培训活动。如原农业部有针对性地举办农产品质量安全为主题系列活动，普及消费者对农产品质量安全科普知识，见插文 3-3。

插文 3-3　农业部曝光农产品质量安全十大谣言

中国食品报　2017 年 7 月 4 日第 001 版 本报记者 王小萱

日前，农业部在京举办全国食品安全宣传周主题日活动。近年来，农产品质量安全谣言不断挑战冲击着社会和消费者的神经。在主题日活动现场，农业部曝光了农产品质量安全十大谣言真相，以科学为据，以评估为手段，破除谣言。

揭穿农产品质量安全十大谣言

1. 香蕉浸泡不明液体有毒

"香蕉浸泡不明液体，吃了有毒？"农业部专家证实不明液体实为低毒杀菌剂，是为了抑制香蕉有氧呼吸，利于远距离运输。

2. 又红又甜的西瓜是被打针

又红又甜的西瓜是被打了针？一难注射、二难扩散、三难食用。实验证明，西瓜打针之后，口感酸涩、极易腐烂。

3. 空心草莓使用了激素

影响草莓空心的因素有很多（品种、水分和肥料的供应，过度成熟和使

用膨大剂），以空心为依据来判断是否是“激素草莓”并不科学。

4. 无籽葡萄使用了避孕药

无籽葡萄分为两种，一种是天然无种子的葡萄，另一种是天然有种子的品种进行无核化栽培获得的葡萄。植物激素、动物激素差异大，无核化栽培使用的植物激素对动物体不起作用。

5. 黄瓜顶花带刺蘸了避孕药

农业部门进行全面排查，黄瓜“沾花”药水是允许使用的植物生长调节剂，并非“避孕药”。

6. 蘑菇富含重金属

食用的蘑菇多是人工无土栽培，不会吸附到土壤重金属。专家指出，市场上常见的大宗食用菌并不存在富集重金属的情况。

7. 猪肉钩虫水煮不死

专家粉碎谣言：没有“高温都煮不死”的寄生虫，猪肉里长“钩虫”实为肌肉组织。

8. 速生鸡是激素催大

无鸡不成宴，然而，网络上流传的“速生鸡”却频繁刺激着消费者敏感的神经。专家指出，白羽鸡之所以长得快，并非吃了激素，而是得益于现代化的养殖方式和科学的遗传选种技术。

9. 螃蟹注水增重

现场实验证明，给大闸蟹注水，螃蟹极易死亡，赔本的买卖谁做？

10. 黄鳝喂食避孕药

避孕药喂黄鳝，不仅不能促生长，而且会造成高达 50% 以上的死亡率，得不偿失。

（2）宣传教育。详细制定宣传教育活动方案，包括重点宣传场所、宣传方式和宣传内容等。如插文 3-4 所述案例。

1）重点宣传场所，学校、公园、广场、车站和超市等人员密集场所。

2）宣传方式，广播、电视和报纸等传统媒体；网站、微信、微博、手机短信等新媒体；发放手册、宣传单；专题宣传栏、文化墙；张贴标语、悬挂横幅；科普讲座等。

3）宣传内容，农产品质量安全科普知识和风险防范知识、食品中毒急救办法和应急处置措施等。

插文 3-4　宣传教育活动

★现场集中宣传，主要在学校、公园、广场、车站、超市等人员密集场所；

★开放日为主要形式开展不同主题的农产品质量安全知识专题讲座；

★发挥居委会（村委会）的作用，通过设置社区农产品质量安全知识（村）应急知识宣传室、宣传栏，强化社区（村）应急管理宣教培训工作。

3.5.2 组织培训

组织培训主要包含培训主体、培训对象和培训内容。

1）培训主体：各级人民政府及农业行政主管部门。

2）培训对象：党政领导干部、人民政府工作人员、农安管理人员、专业技术人员、农业投入品生产经营主体、种植大户及相关企业从业人员、应急救援队伍及志愿者等。

3）培训内容：主要是围绕合格证试点及质量追溯、乡镇农残速测技术、农产品质量安全县创建、标准化示范基地建设等内容展开培训。重点培训相关法律、法规、规章、检验检测技术、应急处置措施等，见表 3-1。

表 3-1　农产品质量安全应急管理培训对象及内容

培训对象	具体内容
党政领导干部	增强应急管理意识，提高指挥处置突发事件的水平，提高开展应急管理工作的能力
各级政府	将应急知识法律法规学习纳入年度学习计划，组织专题学习《中华人民共和国突发事件应对法》及《农产品质量安全法》等相关法律法规
各类院校	将应急管理培训作为重点内容纳入教学计划，完善充实相关基础设施和教学设备，开设应急管理相关课程，并在某些相关课程中添加农产品质量安全相关知识内容，从小提高学生的风险防范能力
农安管理人员	农产品质量安全日常管理知识及工作要点，应急处置措施等

表 3-1（续）

培训对象	具体内容
专业技术人员	农残检测技术、预测预警技术、医学检验检测技术等
农业投入品生产经营主体	相关法律法规，经营管理制度和农业投入品追溯制度等
种植大户及相关企业从业人员	使其增强农产品质量安全风险防范意识，建立健全投入品管理制度、农产品质量追溯制度等一系列管理制度，提高排查安全隐患和第一时间应急处置突发事件的能力等
应急救援队伍、志愿者	应急救援队伍、志愿者进行培训，使其熟悉和掌握相关突发事件处置救援和安全防护技能，提高在不同情况下实施救援和协同处置的能力

3.5.3 模拟演练

（1）四大原则

应急模拟演练的主要目的，是通过演练检验和提高农产品安全事故的组织协调和应急响应能力，检验应急预案的实施过程是否科学、合理和具有可操作性；总结和评估演练结果，进一步完善应急预案，增强重大农产品安全事故应急处置能力，实现重大农产品安全事故处置的科学、合理、快速、准确，见表 3-2。

表 3-2　应急模拟演练原则及内容

主要原则	具体内容
结合实际、合理定位	紧密结合应急管理工作实际，明确演练目的，根据资源条件确定演练方式和规模
着眼实战、讲求实效	以提高应急指挥人员的指挥协调能力、应急队伍的实战能力为着眼点。重视对演练效果及组织工作的评估、考核，总结推广好经验，及时整改存在问题
精心组织、确保安全	围绕演练目的，精心策划演练内容，科学设计演练方案，周密组织演练活动，制订并严格遵守有关安全措施，确保演练参与人员及演练装备设施的安全
统筹规划、厉行节约	统筹规划应急演练活动，适当开展跨地区、跨部门、跨行业的综合性演练，充分利用现有资源，努力提高应急演练效益。演练组织单位要根据实际情况，并依据相关法律法规和应急预案的规定，制订年度应急演练规划，按照“先单项后综合、先桌面后实战、循序渐进、时空有序”等原则，合理规划应急演练的频次、规模、形式、时间、地点等

（2）组织机构

演练应在相关预案确定的应急领导机构或指挥机构领导下组织开展。演练组织单位要成立由相关单位领导组成的演练领导小组，通常下设策划部、保障部和评估组，见图 3-6；对于不同类型和规模的演练活动，其组织机构和职能可以适当调整。根据需要，可成立现场指挥部。

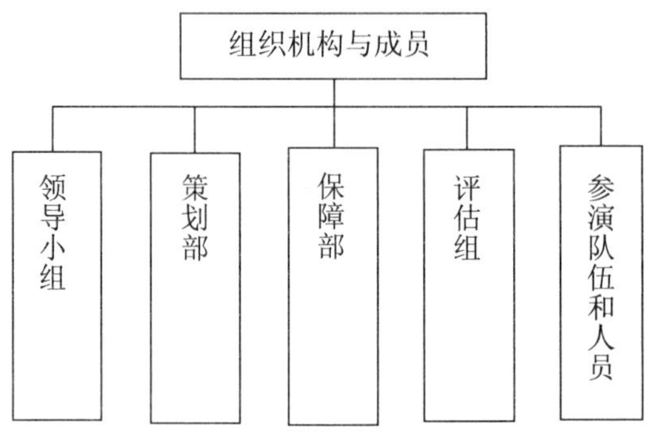

图 3-6　模拟演练组织机构

（3）一般流程

1）应急演练准备，主要包括 4 个方面的内容即制定计划、设计演练方案、演练动员与培训、应急演练保障，见图 3-7。

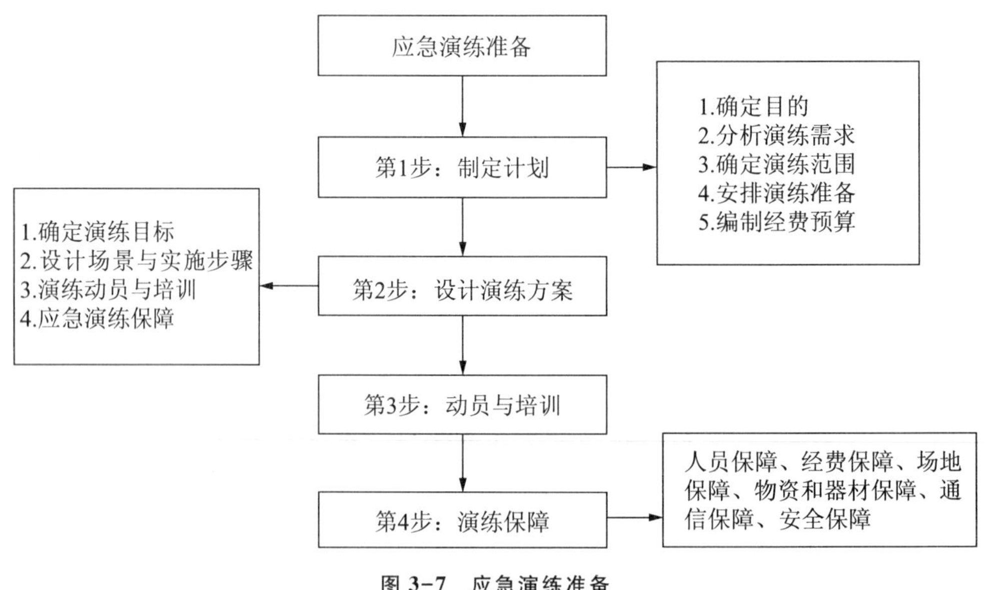

图 3-7　应急演练准备

2）应急演练实施，主要分为 3 个阶段：启动、执行和结束与终止，见图 3-8。演练正式启动前一般要举行简短仪式，由演练总指挥宣布演练开始并启动演练活动。

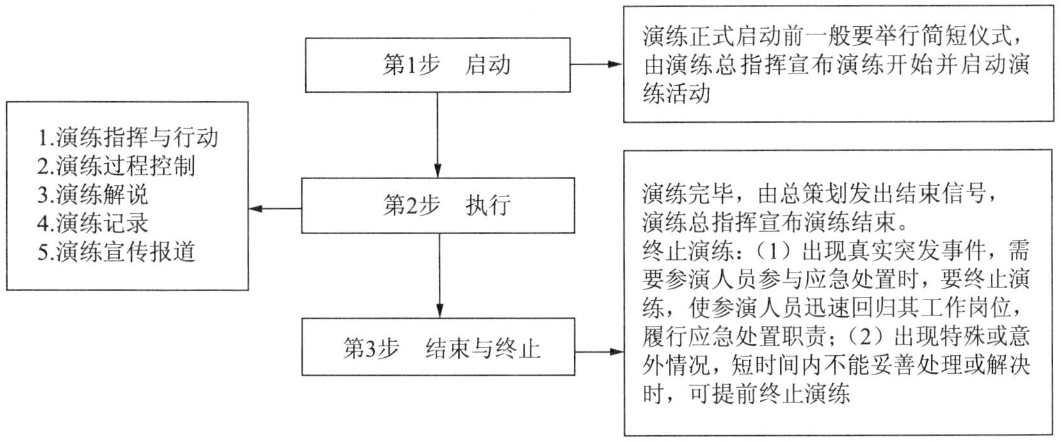

图 3-8　模拟演练具体实施步骤

演练完毕，由总策划发出结束信号，演练总指挥宣布演练结束。演练结束后所有人员停止演练活动，按预定方案集合进行现场总结讲评或者组织疏散。保障部负责组织人员对演练场地进行清理和恢复。

演练实施过程中出现下列情况，经演练领导小组决定，由演练总指挥按照事先规定的程序和指令终止演练：出现真实突发事件，需要参演人员参与应急处置时，要终止演练，使参演人员迅速回归其工作岗位，履行应急处置职责；出现特殊或意外情况，短时间内不能妥善处理或解决时，可提前终止演练。

3）总结，演练活动结束，应及时总结，可分为现场总结和事后总结，见图 3-9。总结经验，分析问题，提出改进措施，完预案，从而更有效地推进农产品质量安全应急管理工作。

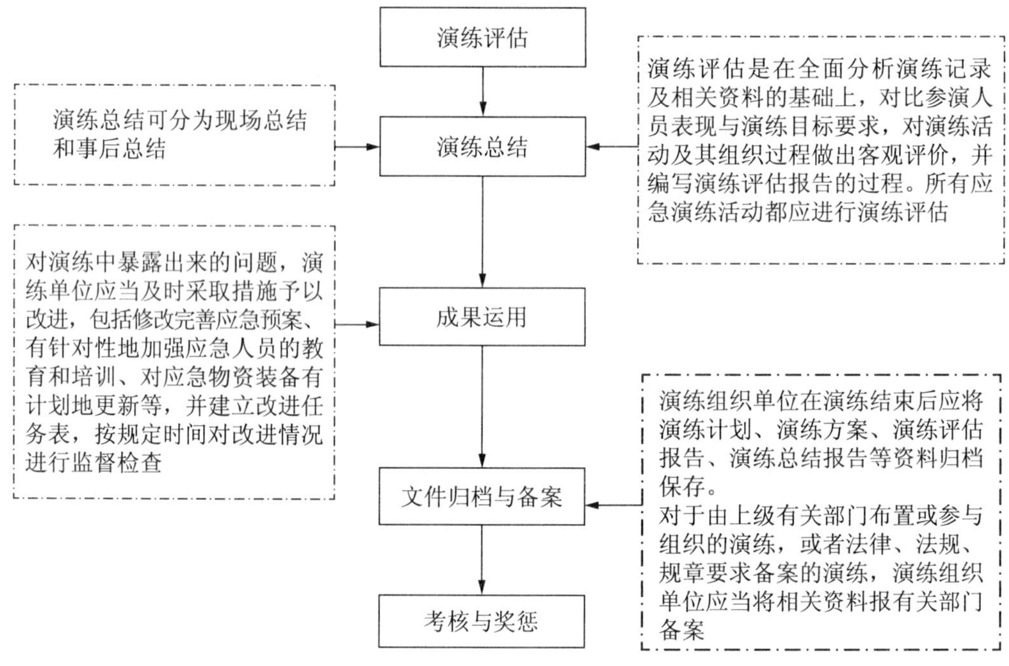

图 3-9　模拟演练总结内容

插文 3-5　部分地区开展农产品质量安全事故应急演练

广州市开展农产品质量安全事故应急演练。2016 年 10 月 14 日，广州市农业局在市农科院举行了农产品质量安全事故应急演练。演练模拟了本地菜农在生产中误用了高毒农药，从而造成了食物中毒事故。接到相关部门通报后，市、区两级农业部门立即启动Ⅲ级食用农产品质量安全事故应急响应。演练严格按照《广州市市农产品质量安全事故应急预案》的有关程序，经事故报告、预案启动、应急响应、调查处置、现场控制、响应终止等阶段，成功处置了该起突发事故。局属各处室、各单位及花都区农业局等参与了演练，各区农业行政主管部门分管领导、监管科长，检测单位、执法单位负责人，市农产品质量安全工作领导小组各成员单位进行了现场观摩。本次演练既是一次实际操作培训，同时也检验了广州市农产品质量安全事故处置能力。演练组织有序、程序规范，事故处置及时有效，快速反应机制顺畅，达到了完善准备、锻炼队伍、磨合机制、检验预案的目的。

利川市开展农产品质量安全事故应急演练。2016 年 12 月 1 日，恩施州

利川市农业局在该市团堡镇组织开展了农产品质量安全事故应急演练。本次演练模拟团堡镇某村农民生产的白菜打药后未达到农药安全间隔期，就采收装车准备运往某学校食堂。接到社会举报的线索后，利川市农业局迅速启动农产品质量安全事故四级应急响应，组织市农安办、农业执法大队、市农检中心等相关单位人员，赶赴现场抽样，快速定性检测，结果显示农药残留超标，再通过现场调查取证，核准所用农药、用药时间、用药数量、施药区域，当事人对结果表示认可。对已装车待运蔬菜采取了现场捣碎深埋集中销毁处置措施，有效避免了农产品质量安全事故发生。利川市农业局、团堡镇政府主要负责人主持演练，团堡镇农安、食药、工商、公安等部门积极配合，全程参与演练。演练检验了该市农产品质量安全事故应急处置能力，同时提升了群众农产品质量安全意识。

3.6 管理体系

3.6.1 管理机构

农产品质量安全应急处置管理体系是立体、多维的体系，管理机构主要由指挥机构、监管机构、辅助机构和社会组织等部分构成。

（1）指挥机构

农产品质量安全应急处置管理体系指挥机构主要有农业部、地方政府和地方农业行政主管部门，负责应急管理工作的部署和指挥，平时负责应急处置准备的领导检查工作，事件突发时担负指挥部作用。地方各级人民政府对本地各环节农产品质量安全负总责，必须加强组织领导和工作协调，将农产品质量安全纳入县、乡级人民政府绩效考核范围，明确考核评价、监查督办等措施。结合地方实际，统筹建立食品药品和农产品质量安全监管工作衔接机制，细化部门职责，明确农产品质量安全监管各环节工作分工。

（2）监管机构

在机构改革的大背景下，农产品质量安全监管体系的建设必须以此为契机，规范设置市、县、乡镇农产品质量安全监管机构，进一步理顺体制、明确职能、充实监管力量，健全村监督员、组协管员队伍；全面落实畜禽屠宰监管职能交接工作，确保机构、人员、设施、经费渠道划接到位，建立健全新型畜禽屠宰监管体系。

（3）辅助机构

拥有某一专业技能但不承担应急职能的部门，即应急辅助部门，它们是各专业领域应急工作的具体执行者和操作者。如医院、检验检测机构、担负预测预警风险评估的机构、新闻媒体等。

（4）社会组织

政府之外的非政府组织也是农产品质量安全应急管理处置工作的重要组成部分。相对政府部门而言，社会基层组织、社团、公益组织等非政府组织可以更好地避免上述情况的发生。非政府组织作为社会自治机构，扎根于社会，贴近社会基层。如作为非政府组织的消费者协会等组织可以通过不同的活动在农产品安全危机管理中发挥更重要的作用。

只有将政府相关管理部门、消费者和企业共同连接起来，形成社会共治良好局面，才能够真正及时有效地处理好农产品质量安全突发事件。

3.6.2 管理体系

突发事件应急管理体系由法律体系、组织体系、运作机制、保障体系和宣教体系等部分组成，见表3-3。

表3-3 突发事件应急管理体系及能力建设

一级能力	二级能力	三级能力
组织体系	管理机构建设	指挥决策能力
		综合协调能力
		执行应变能力
		行政执法能力
		媒体应对能力

表 3-3（续）

一级能力	二级能力	三级能力
组织体系	技术机构建设	检验检测能力
		专家研判能力
运作机制	监测预警机制	信息获取能力
		舆情分析研判能力
		信息报告共享能力
		信息公布能力
	风险沟通机制	信息共享沟通协调
		媒体沟通配合能力
		社会宣传引导能力
	应急联动机制	部门联动配合能力
	社会动员机制	基层志愿者协调组织
		社会公众动员组织
	组织评估机制	案例收集整理能力
		经验总结分析能力
法律体系	法律法规建设	懂法守法用法能力
	规章制度建设	应急预案体系建设
		信息报告通报制度
		事件联合调查制度
		应急检验制度
		应急值守制度
保障体系	人员、资金、物资、信息、医疗	
宣教体系	宣传教育、组织培训、模拟演练	

我国农产品质量安全应急管理体系已具备了较为完备的法律体系，组织体系也较为清晰，保障体系初步建全，宣教体系正在建立，近年来特别重视建立健全监测预警和风险评估机制，努力做到防患于未然。

本章主要参考文献

［1］张永慧，吴永宁．食品安全事故应急处置与案例分析［M］．第二版．北京：中国质检版社，中国标准出版社，2013.

［2］广州市农业局．市农业局成功举办 2016 年广州市农产品质量安全应急

演练 [EB/OL]. [2016-10-21].

http: //www. gz. gov. cn/gzgov/s5832/201610/3ef4c47960af48958682dca2b11a eabe. shtml.

[3] 恩施州农业局. 恩施州开展农产品质量安全事故应急演练 [EB/OL]. [2016-12-05]. http: //cs. hbagri. gov. cn/jgcs/sncpzlaqjdglbgs/ywgz/200000675. htm.

第4章 农产品质量安全风险预测预警

农产品质量安全应急管理，不仅需要根据已经发生过的相关突发事件处置经验和当下的情况、已有数据资料，运用逻辑推理的先进技术方法和科学预测，对某些突发事件未来发展趋势和演变规律进行科学的预估与推断，而且需要对日常农产品质量安全风险状况进行评估，并根据情况发出不同的警示信号，以使政府和民众能够提前了解农产品质量安全风险状况，及时采取相应措施。本章主要阐述农产品质量安全风险监测、风险排查、风险评估、警示报告等风险管理①的实施主体、主要内容和一般步骤。

4.1 风险监测

2006年11月1日起施行《中华人民共和国农产品质量安全法》（以下简称《农产品质量安全法》）第三十四条规定，国家建立农产品质量安全监测制度。它是指由县级以上人民政府农业行政主管部门组织有关农产品质量安全管理机构和农产品质量安全检测机构，对生产中或者在批发市场、农贸市场、配送中心、超市等销售的农产品进行监督管理时所开展的抽样检测，并按规定对监测结果进行处理和信息公布的活动。通过法律的形式确立农产品质量安全风险监测制度，以对生产或流通中的农产品质量安全进行有计划、有重点的持续监测和定期、不定期的监督抽查，全面、及时、准确地掌握农产品质量安全状况，

① 在时间、数据和信息有限的情况下进行风险评估，然后做出风险管理决策并进行风险交流，是农产品质量安全和食品安全应急（AFSER，Agricultural Food Safety Emergency Response）重要组成部分。食品法典虽然规定了开展风险分析的基本要素，但并没有详细说明紧急情况下应用风险分析概念，联合国粮农组织（FAO）和世界卫生组织（WTO）编写了《在食品安全应急中应用风险分析原则和程序的指南》，提出了食品安全控制体系中应急处置部门内容。虽然大多数国家制定了食品安全和农产品质量安全应急处置预案，但是农产品质量安全突发事件应急管理评估指南缺乏官方规定，缺乏系统性、规范化方法。

为农产品质量安全风险评估提供数据支持，为政府有效实施风险管理提供科学依据，为公众及时了解农产品质量安全现状提供权威信息，督促农产品生产经营者不断提供质量安全管理水平，防止农产品质量安全事故的发生，保证农产品消费安全。

4.1.1 风险监测实施主体

2012 年 10 月 1 日起施行的《农产品质量安全监测管理办法》，对农产品质量安全风险监测评估的相关内容进行了详细的规定。该办法指出农产品质量安全风险监测，是指为了掌握农产品质量安全状况和开展农产品质量安全风险评估，系统和持续地对影响农产品质量安全的有害因素进行检验、分析和评价的活动，包括农产品质量安全例行监测、普查和专项监测等内容。农产品质量安全风险监测应当定期开展。根据农产品质量安全监管需要，可以随时开展专项风险监测。

根据《农产品质量安全监测管理办法》指出，主要由县级以上人民政府农业行政主管部门开展农产品质量安全监测工作，具体实施主体主要为省级、市县级农产品质量安全检验检测机构，风险监测具体制定主体和实施内容与方法，见表 4-1。

表 4-1 风险监测计划制定内容与实施方法

制定主体	具体内容	实施方法	实施主体
省级以上人民政府农业行政主管部门	根据农产品质量安全风险监测工作的需要，制定并实施农产品质量安全风险监测网络建设规划，建立健全农产品质量安全风险监测网络	建立风险监测形势会商制度，对风险监测结果进行会商分析，查找问题原因，研究监管措施	省级农产品质量安全检验检测机构
县级以上人民政府农业行政主管部门	根据监测计划向承担农产品质量安全监测工作的机构下达工作任务。接受任务的机构应当根据农产品质量安全监测计划编制工作方案，并上报农业行政主管部门备案	及时向上级农业行政主管部门报送监测数据和分析结果，并向同级食品安全委员会办公室、卫生行政、质量监督、工商行政管理、食品药品监督管理等有关部门通报	市、县级农产品质量安全检验检测机构

4.1.2　风险监测主要内容

为全面掌握地方农产品质量安全状况，增强农产品质量安全监管工作的针对性，农产品质量安全风险监测计划的制定通常要结合各地农产品生产实际，监测计划的主要内容包括监测类别和范围、抽样责任分工、抽样检测任务、抽样方法要求、抽样工作要求等几大部分。

表 4-2　风险监测类别及内容

内容	具体内容
监测类别	省级以上监测分：例行监测、风险监测、专项监测、监督抽检、动态监测及应急抽查等
	市级监测分：例行监测、监督抽查和专项监测
	县（市）级监测分：例行监测、监督抽查和专项监测
	乡镇级监测以例行速测为主
监测范围	以生猪定点屠宰场、农产品“三品”基地、家庭农场、农民专业合作社、农产品种养企业和其他种养大户为重点，兼顾农产品收贮运单位
监测品种	抽检监测品种主要以蔬菜、水果、食用菌、茶叶、粮食、畜禽产品几大类为主，具体大类里的小类还需根据地方农业发展实际而定

抽样监测任务主要指全年计划农产品抽样监测批次，其中包括当地市级定量监测批次数及速测批次数、乡镇级速测监测批次数。抽样方法应根据监测品种按照相应标准执行。蔬菜、水果、食用菌抽样按照 NY/T 789—2004 规定执行；茶叶抽样按 GB/T 8302—2002 执行；稻谷抽样按照 GB 5491—1985 规定执行；畜禽产品、猪尿抽样工作按照 NY/T 1897—2010《动物及动物产品兽药残留监控抽样规范》规定执行。农产品速测抽样按照监测实际需要量随机抽取。抽检工作要求一般包括加强领导、送检要求、数据报送、结果处理几大部分。

4.1.3　其他注意事项

在选择监测品种、监测区域、监测参数和监测频率时，县级以上人民政府农业行政主管部门应当根据农产品质量安全风险隐患分布及变化情况适时调整。

风险监测抽样应当采取符合统计学要求的抽样方法，确保样品的代表性。检测方法应按照标准方法，没有标准方法的可以采用非标准方法，但应当遵循先进技术手段与成熟技术相结合的原则，并经过方法学研究确认和专家组认定。省级以上人民政府农业行政主管部门，应当建立风险监测形势会商制度，对风险监测结果进行会商分析，查找问题原因，研究监管措施。风险监测结果应由县级以上地方人民政府农业行政主管部门及时向上级农业行政主管部门报送，并向同级食品安全委员会办公室、卫生行政、质量监督、工商行政管理、食品药品监督管理等有关部门通报，同时，县级以上人民政府农业行政主管部门应当按照法定权限和程序发布农产品质量安全监测结果和相关信息。

4.2 风险排查与管理

农产品质量安全风险监测中，农业行政主管部门应对可能引发农产品质量安全突发事件的风险隐患、舆情动态进行全面梳理和排查，判断风险源头、风险类型、风险主体、风险人群、风险区域、风险产业等，提出风险管控措施。排查对象，主要有以下内容：

（1）风险源头

影响农产品质量安全水平的因素很多，如插文 4-7 所示。风险源头包括：农业生态环境、重金属与类金属污染、大气污染、水污染、投入品质量与滥用、微生物与生物毒素污染、非法添加、商品化处理不当污染、包装材料污染、贮藏与物流污染、农业转基因生物及其安全性、进口农产品质量安全、不确定性污染等。对风险源头及特征进行准确、简要描述，分析风险源头产生的主要原因、可能的发生途径以及潜在危害性。对于在应急处置期间初步评估的风险问题，如需要也可做进一步再评估，见插文 4-1。

插文 4-1　农产品质量安全可能的风险源

生物性危害：感染性细菌、产毒生物、真菌、寄生虫、病毒等。

化学性危害：天然毒素、农药残留、兽药残留、重金属污染、非法添加剂、包装污染物、过敏原等。

物理性危害：金属、机械碎片、玻璃、碎石子等。

（2）风险类型

合理区分风险类型①，有助于改善风险防范和风险管理的针对性和有效性。按危害因子，可分为化学性、生物性、物理性、复合性 4 类，已确定的风险类型需要进一步确定具体的风险因素，如化学性危害需要明确究竟是农药残留、兽药残留、保鲜剂、重金属或生物制剂等具体因素和成分。按风险环节，可分为产地环境、生产过程、采后处理、贮藏流通、加工过程、经营销售等类型。按危害程度，可分为高风险性、中高风险性、中度风险性、中低风险性、低风险性等，也可采用风险分级评价（如以数字、字母表达的等级）。按产生机理，可分为外源性风险与内源性风险、地区性风险、境内风险与跨境风险。按风险性质，可分为主观故意型、无知过失型、自然客观型、利益驱动型、管理失当型、媒体炒作型等风险类型，见插文 4-2。

插文 4-2　调查指近七成食品安全事件系明知故犯

法制晚报 2014 年 2 月 28 日报道：28 日上午，中国社会科学出版社、北京大学出版社与江南大学联合举办“中国食品安全发展报告（2013）暨食品安全网络舆情发展报告（2013）新闻发布会”。与会专家表示，我国的食品安全状况总体稳定，止在向好，但同时存在监管不力，信息通报不及时等

① 风险可从不同角度进行理解和评价。从技术方面，主要集中和局限于危害可能性与严重性的科学性评估，可以是技术方面的描述，也可以是经济方面的描述，如危害可用健康指标“伤残调整寿命年”（DALYs）或货币价值进行描述。从心理学方面，将风险作为个体感知的函数进行评估，对各因素进行贡献权重的分析，如暴露情况、对风险是否有控制力、风险的破坏性特征等。在社会学方面，是一种社会与文化建构下对风险产生的认知，目标是以社会可接受和公平的方式分配成本与收益。

问题。研究认为，发达国家食品安全事件的主要因素是生物性因素，近年来我国发生的食品安全事件大多数以人源性因素为主。报告研究团队成员、华南农业大学教授文晓巍认为，68.2%的食品安全事件缘于供应链上利益相关者出于私利或盈利目的，在知情的状况下造成食品质量安全问题。这充分说明了食品生产经营者的“明知故犯”是目前食品安全问题的主要成因。而人源性为主要特征的我国食品安全风险在食品供应链各个环节均不同程度地存在。比如，农产品初级生产、农产品初级加工、食品深加工、食品流通、销售、餐饮和消费等多个环节。此外，食品深加工是危害最大的环节。

（3）风险主体

风险相关利益主体，可分为生产者、管理者、消费者、媒体以及其他利益相关方。生产（经营）者，可分为生产型企业、加工型企业、经销型企业、个体工商户、种养大户、小农户、农民合作社、供销合作社、批发市场、集贸市场、超市、进出口商等。管理者包括各级政府与监管机构、行业协会、产业联盟、生产者协会、官方检测机构、企业管理者，其他利益相关方包括第三方检测机构、相关技术供给者、标准制订机构、产业保险机构、环保组织等，媒体包括传统媒体与新媒体。合理区分相关利益主体在风险管理与应急处置中的角色、功能、利益及责任关系，见插文 4-3。

插文 4-3　农产品质量安全风险监测与风险评估报告示例

韩国发布茶类产品中的苯并芘等有害物质的风险评估结果。2016 年 5 月 26 日，韩国食品药品安全评价研究所以浸出茶、液体茶等茶类产品为对象，对苯并芘等 4 种多环芳烃（Polycyclic Aromatic Hydrocarbons，PAHs）的实际情况进行了风险评估，评估结果为处于安全水平。此次调查对象为浸出茶 190 件、液体茶 177 件、固体茶 145 件，共 512 件茶类产品，调查的 4 种 PAHs 分别为：Benzop（a）Anthracene、Chrysene、Benzo（b）Fluoranthene、Benzo（a）Pyrene。调查检测结果为：浸出茶（未检出－44.25μg/kg）、液体茶（未检出－0.78μg/kg）、固体茶（未检出－12.70μg/kg）。通过茶类产品摄入的 4 种 PAHs 暴露量相关风险评估结果表明：全体国民的暴露边界值

(MOE) 为 4.43×10^6-4.62×10^6 (a. 10000-100000 风险较低；b. 100000 以上几乎无风险；c. 1000000 无风险)，处于很安全的水平。尤其是浸出茶，根据不同的饮用方法，若考虑浸出量 (0-6.5%)，危害影响更低。

欧盟食品安全局发布2014年动物及动物产品中兽药残留等有害物质监测报告。2016年5月17日，欧盟食品安全局 (EFSA) 发布2014年动物及动物产品中兽药残留和其他有害物质监测报告。该报告总结了2014年采集的动物和动物产品中兽药残留和其他物质的监测数据，28个欧盟成员国向欧盟上报了73.69万份样品数据，其中目标样品的阳性率 (0.37%)。

福尔马林应用于鱼类保鲜的定量风险评估：孟加拉国当地市场的食品安全问题。2016年2月，孟加拉国博杜阿卡利科技大学水产学院的Md. Sazedul Hoque和Liesbeth Jacxsens等研究者在《Procedia FoodScience》期刊上发表文章，通过对经福尔马林处理的鱼类进行定量风险评估，阐述了孟加拉国当地市场的食品安全问题。在孟加拉国，鱼类在从渔场到消费者的不同分销阶段中被掺入了各种有害化学物质。据报道，鱼类在进入国内分销链时，为防止鱼类腐败并延长保质期，鱼贩将福尔马林 (FA) 用作保鲜剂以浸泡或喷淋的方式频繁地添加到新鲜的鱼类中。因此，该文旨在基于可用的二手数据对孟加拉国内经福尔马林处理过的鱼类进行基于概率的定量风险评估 (QRA)，并建立有效的风险管理策略，以了解孟加拉国鱼类的食用安全性现状。研究人员使用有关鱼类中福尔马林的浓度、消费者鱼类日食用量和消费者自身体重等可用数据对消费者通过食用两种不同类型的鱼 (新鲜和熟制鱼) 发生福尔马林残留暴露的风险进行了估计。基于上述数据，采用风险模型分析软件@Risk program version 6.0对所设定的3种不同的暴露情况 (平均食用量、平均食用量的2倍和4倍，分别设为情况1、情况2和情况3) 进行风险分析。数据显示，FA在所食用的新鲜鱼和熟制 (煮沸) 鱼中的浓度分别为 5.34×10^{-2} mg/kg b. w. /day 和 2.34×10^{-2} mg/kg b. w. /day，全国鱼类日均食用量为200 g/day。QRA表明，新鲜鱼和熟制鱼在情况1下，甲醛的估计摄入量中位数分别为 7.73×10^{-3}mg/kg b. w. /day 和 2.10×10^{-3} mg/kg b. w. / day，第99.9百分位数 (%) 的估计摄入量分别为 3.30×10^{-2} mg/kg b. w. /day 和

1.28×10^{-2} mg/kgb. w. /day，其均低于美国国家环境保护局制定的每日容许摄入量（ADI）（0.2 mg/kg b. w. /day）。两种鱼在情况 2 下，甲醛的估计摄入量中位数和第 99.9 百分位数（%）的估计摄入量均低于 ADI。因此，在情况 1 和情况 2 下，新鲜鱼和熟制鱼均具有较低的 FA 残留暴露风险。然而，在情况 3 下新鲜鱼和熟制鱼呈现出不同的结果，对于新鲜鱼和熟制鱼（平均食用量的 4 倍），甲醛的估计摄入量中位数分别为 3.09×10^{-2} mg/kg b. w. /day 和 8.39×10^{-3} mg/kg b. w. / day，第 99.9 百分位数（%）的估计摄入量分别为 0.13 和 0.051mg/kg b. w. / day。结果表明，当新鲜鱼的食用量为平均食用量的 4 倍时，0.01 % 的人口存在 FA 暴露风险（FA 摄入量 0.21 mg/kg b. w. /day 高于 ADI），而相同情况下，食用熟制鱼（FA 9.38×10^{-2} mg/kg b. w. / day）的消费者仍无安全之忧。结果证实，熟制对于降低福尔马林残留水平具有显著的效果。因此，对经过福尔马林处理过的鱼进行基于概率的定量风险评估能够为风险管理者（政府）提供重要的参考信息，使之了解消费者是否处于暴露风险。同时，研究结果可用于孟加拉国建立有效的风险管理策略。

插文 4-4　应用 RMF 分析农产品质量安全风险问题

养殖动物新方法的评价，例如使用新药物治疗动物疾病或改变动物饲养方式的程度；

新登记农药、饲料及添加剂的使用评价，在不同作物使用和对环境产生的残留程度；

农产品加工与贮藏新技术的评价，新保鲜剂、新工艺、新包装物的影响，如热处理的替代方法评价；

某类食用农产品对消费者形成高风险水平的迹象，如反季蔬菜、进口农产品；

某特定致病菌、特定污染物对消费者形成高水平风险的迹象；

某种植环境的变化，如新工业区的建立、污染型工矿企业转移可能产生的对农业生产环境的污染；

农业生产面源污染的评价；

对农用地、灌溉水等农业生产环境风险分级、限定种植区与源头整治等优先次序处理；

对高毒限用农药风险分级及经营管制、使用信息追踪；

特定农产品质量追溯系统的应用与评价。

（4）风险人群

通过问卷、访谈、统计、调查等方式，对在突发事件及应急处置管理中可能涉及的风险人群受众数量与分布、病例数、住院数与死亡数、经济损失、健康质量损失及货币化评估等进行分析评价。重点对婴幼儿、老年人、孕妇、中小学生、贫困人口等敏感人群进行调查分析。可开发风险分析系统、分级模型和工具，结合膳食调查、消费模式与暴露评估、危害概率等，建立风险人群及风险分级数据库，开展定性与定量实证研究，见插文 4-5。

插文 4-5　农产品质量安全风险中潜在的利益相关方

农民、牧民、渔民、合作社、家庭农场、农垦农场、农业企业等农产品生产者；

农产品加工企业、配送商、经销商；

农资生产者、经销商；

农产品批发市场、集贸市场及超市经营者；

消费者和消费者协会；

其他民间组织（环保组织、宗教组织等）；

社区团体（村、社区）；

检测机构、认证机构等组织；

大学和研究机构；

中央政府与地方政府（含各级监管机构、执法机构与人员、委托授权管理机构）；

农产品产销协会、技术协会、贸易协会及相关服务组织；

农产品进口国、进口商；

媒体。

（5）风险区域

全面排查相同或相似风险产生的重点区域，如该类农产品主产区（县、乡、村、农场、基地）、商品率较高的输出产地、加工度较高的企业聚集区、交易量较大的批发市场、消费量较大的大中城市等。同时，也要重点关注贸易量较大的食用农产品进口国与出口国（地区）食品安全风险与标准、质量安全事件、SPS/TBT 措施、食品安全监管与贸易政策，简明扼要指出农产品质量安全风险重点区域范围与风险特征，见插文 4-6。

插文 4-6　欧盟食品安全局完成对草甘膦安全性的再评估

2015 年 11 月 12 日欧盟食品安全局（EFSA）在其官方网站上公布，草甘膦安全性再评估工作已完成，并发布评估报告。报告结论表明，草甘膦不大可能对人类有致癌风险，同时还提出了一些新的加强控制食品中草甘膦残留的安全措施。这一结论将会在欧盟委员会决定是否继续批准使用草甘膦时作为重要参考，同时也会用于欧盟成员国分别重新评估含草甘膦除草剂的安全性。

由 EFSA 科学家和各欧盟成员国风险评估机构的代表们组成的同行评议专家组设定草甘膦的急性参考剂量（ARfD）为是 0.5 mg/kg b. w.，这是首次应用该安全阈值。同行评审小组得出结论，草甘膦不大可能具有基因毒性（对 DNA 有破坏作用）或者对人类有致癌风险。根据欧盟现行分类标准和标示包装管理要求，草甘膦不应该被认为归为致癌物质。除一人外，所有欧盟成员国的专家均表示同意，不论是流行病学数据还是动物研究证据都证明接触草甘膦与人类癌症之间不具有因果关系。根据欧盟委员会的要求，EFSA 此次评估应用了大量数据，既包括国际癌症研究机构发表的报告（在这份报告里，国际癌症机构研究所将草甘膦归类为对人类可能是致癌的），也包括了许多其他研究结果，这也是两者结论不同的原因之一。

除了设定急性参考剂量之外，科学小组还提出了其他的毒理学安全阈值来指导风险评估：可接受操作者接触水平（AOEL）设定在 0.1 mg/kg b. w/day.；消费者的人体每日允许摄入量（ADI）设定在 0.5 mg/kg b. w. /day。

（6）风险产业

合理分析与研判可能引发突发事件的高风险产业以及对相关农业产业与关联产业的负面影响。可运用成本—收益法、风险评价模型、市场预测方法等对高风险隐患企业及产业进行科学评估，对投入品产业、加工企业、竞争性产业、替代产品以及上下游其他关联企业、产品的生产、市场消费、价格变化、农产品供应链的影响等进行分析评估，提出相关产业调整政策建议与风险管控措施。

（7）识别方法

风险管理机构（通常为官方农产品质量安全监管机构）应通过多种方式识别和确认可能存在的风险问题。如：国家农产品质量安全风险监控计划、农业产地环境监测、农业投入品质量安全检测、国内和进口农产品检验检疫、实验室检测、流行病学、临床与毒理学研究、疾病监测、食源性疾病暴发、新资源食品开发、农业生物技术评价等。农产品质量安全问题的披露不仅是通过农业专家或科学家、农技人员、农业企业、消费者、相关团体或媒体，也要通过官方主动发布风险预警。根据目前农业行政主管部门，已建立起农产品质量安全监测预警机制，具体流程见图 4-1。

插文 4-7　影响农产品质量安全水平的部分因素

农产品产量、贸易量和种类的增长；

农业耕作方式和气候的改变；

农业与动物种养的集约化与产业化；

公众对健康保护、生态环境保护需求的增强；

人类行为、工业化与生态环境的改变；

过度追求农产品产量与经济效益的动机与生产行为；

更为隐蔽的非法添加技术、保鲜技术；

新的农业生产技术、生产经营方式和食品加工技术；

膳食模式、食品制作方法偏好的变化；

更为复杂的危害检测和管理技术；

细菌对抗生素耐药性的不断增强；

农作物有害生物耐药性的增强；

人类/动物与疾病传播潜在因素之间相互作用的不断变化；
农产品消费模式、流通模式、商业模式的不断更新。

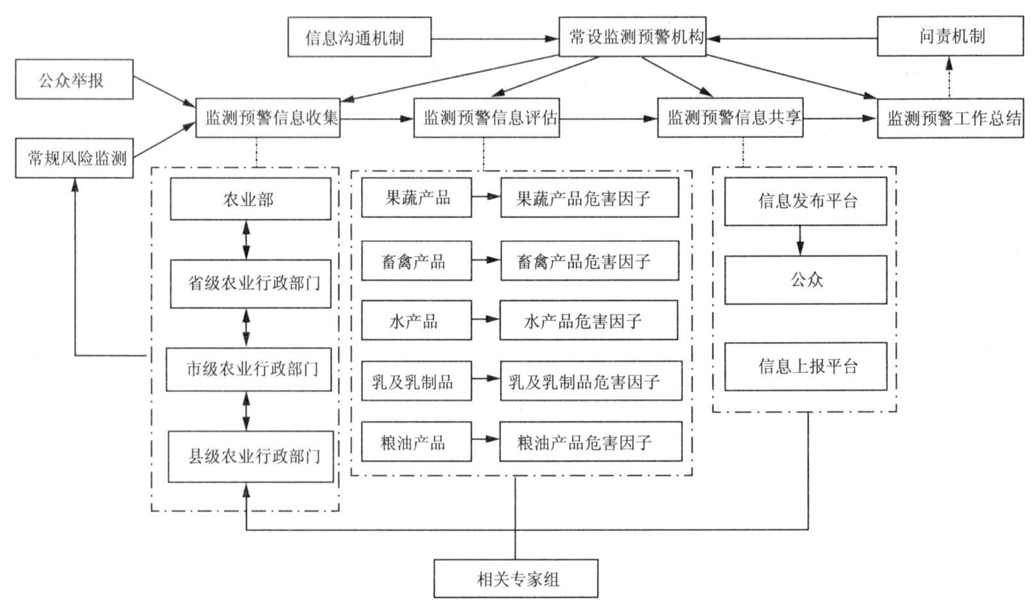

图 4-1　农产品质量安全监测预警机制流程

4.3　风险评估

风险评估，是指采用一切科学技术与信息，在特定条件下，对种植物和人类或环境暴露于某种危害因素产生或将产生不良效应的可能性和和严重性的科学评价。农产品质量安全突发事件风险评估是对突发事件相关信息和有关知识进行收集、评估、记录并确定事件风险等级的系统过程，风险评估的目的是为了核定农产品质量安全事故级别和确定应采取的措施。一般来说，事件的严重性、紧迫性和未来发展趋势是评估的重要标准。评估的内容主要包括风险源危害性、舆论影响力及相关群体的应急能力。启动农产品质量安全风险评估的决策树示例见图 4-2。

截至 2017 年年底，原农业部已建立 145 家技术单位为农业部农产品质量安

全风险评估实验站，形成以国家农产品质量安全风险评估机构（农业部农产品质量标准研究中心）为龙头，农产品质量安全风险评估实验室为主体，农产品质量安全风险评估实验站为基础的风险评估体系，通过制定风险评估计划，分年度、按计划、有重点地对农产品质量安全风险隐患实施专项评估、应急评估、验证评估和跟踪评估，全面摸清和掌握各类农产品、各个环节存在的风险隐患的种类、范围和危害程度，提出全程监管的关键控制点，为农产品质量安全标准的制修订、执法监管、生产指导、消费引导、应急处置、舆情应对和科学研究提供强有力的数据支撑，为农产品质量安全科学管理、依法监管提供技术保障。

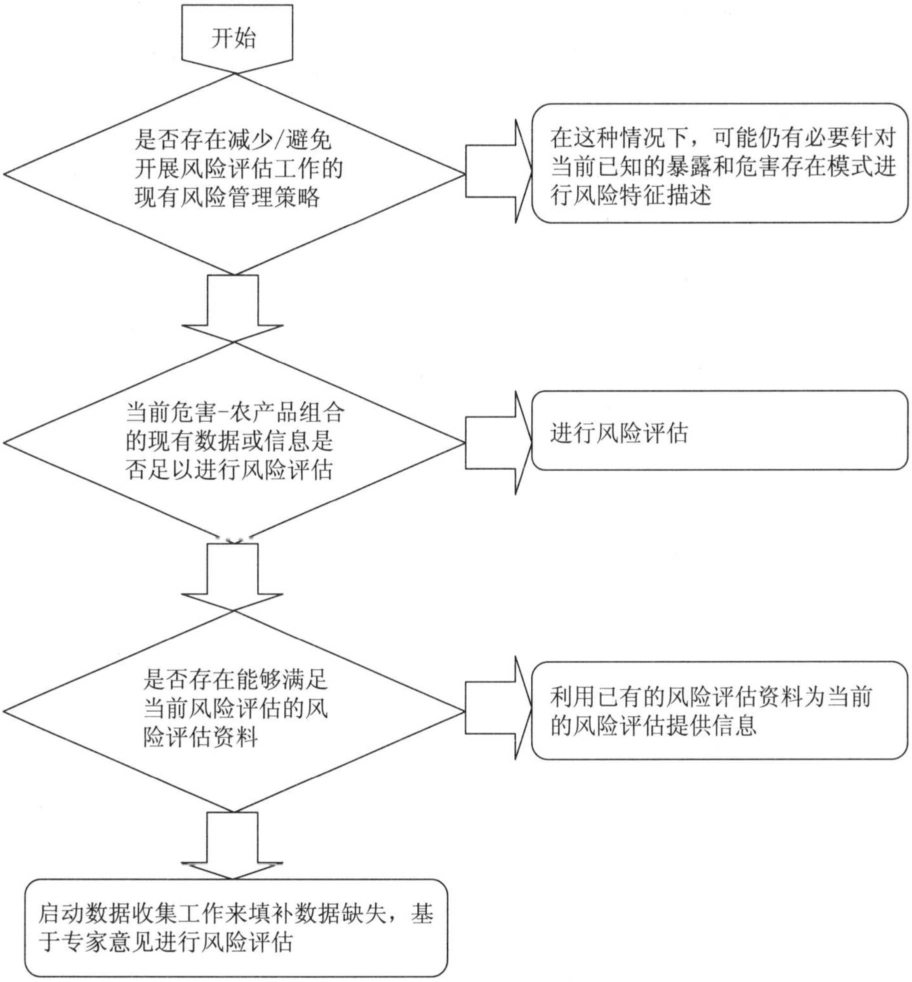

图 4-2　启动农产品质量安全风险评估的决策树示例

4.3.1 风险评估的方法

风险评估通常采用定性分析、定量分析以及定性与定量相结合的分析方法。风险评估中的定量程度受多重因素影响，如评估资料的可用性、评估时限要求、风险问题的复杂程度等。在突发公共卫生事件风险评估中，尤其是在事件发生初期掌握资料比较有限，对事件发生发展的规律尚无系统、全面的认识时，定性风险评估可能是唯一的选择。需要强调的是，一个设计良好的定性风险评估的结果，比用质量差的数据或错误的方法所进行的定量风险评估所得出的结果更加可靠。

要对各类风险隐患的成因，易发时间、地点及发生概率，可控性和紧急程度，可能造成的直接危害及次生危害，受其影响区域内其他风险隐患情况、多灾种耦合的可能性，需整改的内容、有针对性的防范措施及落实情况，应对该类风险隐患的应急资源和应急能力储备等各个方面进行全面深入的分析评估，确定风险隐患级别并采取相应措施。不同领域、不同类型的风险，其评估方法不完全相同。通常使用以下 3 种方法进行风险评估，这些方法可单独或组合使用，见表 4-3。

表 4-3 风险评估的方法及具体内容

方法分类	具体内容
模型定量分析	基于详细而完备的基础数据，使用一套科学的指标体系，采用相关模型（如事故树、事件树技术）计算，对风险可能性、风险后果进行综合的定量分析
历史数据分析	利用相关历史数据来识别过去发生的事件或情况，借此推断其在未来发生的可能性及其后果
专家经验和会商	系统化和结构化地利用专家知识和经验，分析某种风险的可能性及其后果。专家判断应利用一切现有的相关信息，包括历史、系统、组织、实验及设计等信息。获得专家判断的方法众多，现有常用方法包括德尔菲法和层次分析法等

4.3.2 风险评估的步骤与内容

风险评估时首先需要确定评估的风险问题然后进行风险识别、风险分析和

风险评价。风险评估的过程，应有良好的记录，同时应对风险评估结果和建议落实情况进行跟踪，并对风险评估工作开展评价，不断促进风险评估结果的利用和风险评估能力的提高，见表 4-4。

表 4-4　风险评估的步骤与内容

步骤	具体内容
制定评估方案	由评估主体对已确定的评估事项制定评估方案，明确具体要求和工作目标
组织调查论证	评估主体根据实际情况，将拟决策事项通过公告公示、走访群众、问卷调查、座谈会、听证会等多种形式，广泛征求意见，科学论证，预测、分析可能出现的不稳定因素
进行风险评价	主要依据风险分析结果与可能接受的风险水平进行对照，将风险分析结果与风险准则相对比，确定具体的风险等级。对于罕见、几乎无潜在影响和脆弱性很低的风险，定为极低风险；对于不容易发生、潜在影响小、脆弱性低的风险，定为低风险；居于高水平和低水平之间的定为中等风险；对于易发生、潜在影响大、脆弱性高的风险，定为高风险；对于极易发生、潜在影响很大、脆弱性非常高的风险，定为极高风险，也可根据风险赋值结果，确定风险等级
形成评估报告	在充分论证评估的基础上，评估主体就评估的事项、风险的分析、评估的结论、应对的措施编制社会稳定风险评估报告
集体研究审定	重大事项实施前必须经过集团领导班子会议集体研究审定。评估主体将评估报告、化解风险工作预案提交会议审批，由会议集体研究视情况做出实施、暂缓实施或不实施的决定。对已批准实施的重大事项，评估主体要密切监控运行情况，及时调控风险、化解矛盾，确保重大事项顺利实施

（1）确定风险点

开展风险评估之前，首先需要确定风险问题，并据此界定参与评估的人员构成、所需要收集的信息等。清晰明确的风险问题有利于在风险评估中确定优先开展的行动。风险的可能性和后果受两个因素影响：一是风险所作用对象（客体）的承受能力；二是管理单位控制和应对风险的能力。因此，对风险承受能力与控制能力的分析，是评估风险可能性和后果级别的前提。

（2）分析风险承受能力

风险是通过作用于对象而产生影响和后果的。对象的风险承受能力不同，风险发生的可能性和产生的后果均有可能变化。风险承受能力分析就是分析受风险影响的对象对风险的承受、抵抗能力及其脆弱性，包括系统自身承受能力和社会心理承受能力等。其基本步骤包括：

1）明确受影响对象。根据风险识别阶段的分析结果，明确某一风险可能影响的具体对象，包括受影响的人群、设施、系统、环境等。

2）分析各类受影响对象的风险承受能力。通过各类情况分析报告、专家会商和专项调研等方式，分析各类受影响对象的物理属性、心理属性等特点，判断其风险承受能力的大小。

（3）分析风险控制能力

风险控制能力分析是对所有为避免或减少风险发生的可能性及潜在损失的措施、手段进行分析和评估的过程。这一环节是风险评估工作的重要组成部分。整理和确定现有控制措施，分析各项措施的有效性，既是评估风险可能性和后果的基础，也是查找当前工作不足、提出改进措施的重要途径。评估风险控制能力可以从（但不限于）以下几个方面进行，见表4-5。

表4-5 风险评估的步骤与内容

风险控制	具体内容
常态管理水平	包括安全管理规章制度的建设和执行情况、设施设备运行水平、工程技术措施落实情况等
应急管理水平	包括应急组织体系、应急预案、监测预警能力、应急处置能力、应急保障能力（人力、物力、财力、技术水平）、善后恢复能力等
宣传教育培训	包括对系统内部人员日常安全教育培训和对周边民众开展应急常识宣传教育

4.3.3 分析风险可能性

风险可能性分析是通过对风险的固有属性、受影响对象的风险承受能力、风险管理者对风险的控制能力等要素的综合分析，确定风险发生的可能性的过程。风险可能性分为5级，以基本不可能发生、较不可能发生、可能发生、很可能发生、几乎肯定发生来表示。风险可能性受风险本身固有属性的影响，同时与风险承受能力成反比，与风险控制能力成反比。在风险可能性评估中应综合考虑这些因素。

风险后果是指一旦事件发生，其可能产生的不利影响以及影响的严重程度。

风险后果分析时，应当确定所需要分析的后果的类型和受影响的对象。风险后果可分为客观损失和主观影响：客观损失包括人员伤亡、经济损失、环境影响等；主观影响包括政治影响、社会影响、媒体关注度、敏感程度等。风险后果受风险本身固有属性的影响，同时与风险承受能力成反比，与风险控制能力成反比。风险后果分为 5 级，以很小、一般、较大、重大、特别重大来表示。分析风险后果是风险评估过程中最重要的环节之一。确定风险后果等级对于提出相应的应对措施，制订必要的应急预案具有重要的参考价值。风险后果评估工作是否全面、准确、客观，将直接影响对风险等级判断的准确性。

4.3.4　风险交流

（1）针对企业的风险交流

政府与企业间有效的工作关系，可以促进形成更加快速有效的应对，并在早期化解突发事件，同时也会在紧急事件结束后，产品重新回到市场时惠及企业自身。企业与政府之间的交流可以在以下方面进行改进：企业需要知晓在紧急事件中应遵循的规定和指导原则；在突发事件中，政府和企业提供给公众的交流信息应该具有一致性和互补性，理想状态是企业提前制定其自己的应急交流方案和方法；在国家农产品和食品安全监管当局应对突发事件时，企业可能是一个重要的信息来源；企业需要对风险管理行动及其变化做出适当、快速的反应；国家农产品和食品安全监管当局应向企业提供确定信息，包括调查是如何进行的、事件焦点、拟采取的风险管理措施和采取这些措施的法律基础。与所涉及的企业保持开放的交流渠道，有助于与企业形成有效的合作关系，并使其能够服从风险管理决策。当交流出现中断时，可以实施其他方法强制执行和监督。

（2）针对公众的风险交流

对于农产品质量安全突发事件进行交流不应低估事态严重性，而应尽可能向公众阐述清楚。如：目前对于该事件所了解的情况；事件涉及的农产品种类与区域、企业；风险是什么，是已知还是未知；残留量、暴露量达到什么水平是有害的；如果公众已经购买或食用该类农产品后，应该怎么办；怎样获得进一步的信息。理想做法是确定一个机构牵头交流工作，同时任命一位或多位有能力的发言人。这样将降低出现不一致政府信息的机会，同时可以树立公信力。当有多个政府机构对公众开展交流时，应做到信息共享以保证信息一致性和互补性，同时应就程序和时间提前达成一致意见。因而，为了保证能够与每一位目标受公众进行交流，应该考虑利用多种手段（广播、电视、互联网、智能手机等）以及健康、专业领域的官员和组织。如果可能，应该对交流的有效性进行监测，以便能够在必要时改进交流方式。

（3）与相关国际/地区机构的交流

在处理涉及国际贸易农产品的突发事件时，国家相关部门有必要与贸易国建立联系，共享数据和相关信息。在突发事件早期，可以共同讨论突发事件，并在实施风险评估之前确定评估方法，有助于使各国整合资源、共同确定应对突发事件的方法，并为没有能力开展全面系统性风险评估的国家提供支持，从而在突发事件中保持更高的一致性，并增强各国国家食品和农产品监管当局的公信力。当突发事件涉及国内农产品时，告知国际贸易伙伴国也有助于应对突发事件。国际食品安全当局网络（INFOSAN），也可称为国家食品安全当局获得信息、得到建议和支持的有用信息源。

4.4 事件级别核定

地方各级农业行政主管部门应通过科学的评估，会同相关部门，根据舆论的热度影响及事故评估结果核定事故级别。农产品质量安全突发事件的响应按照风险大小分及舆情热度为四级（Ⅰ级、Ⅱ级、Ⅲ级、Ⅳ级）。Ⅰ级事件发生后，根据要求和工作需要，由农业部应急处置，统一领导和指挥事件应急处置工作。Ⅱ级、Ⅲ级、Ⅳ级事件发生后，省、市（地）、县级农业应急主管部门在地方政府领导下，统一组织开展应急处置。

4.4.1 事件风险级别核定

按照农产品质量安全突发事件的社会影响和健康损害情况，可将事件风险等级分为以下四级，见表4-6。

表 4-6　事件风险级别与内容

级别	具体内容
Ⅰ级风险	事件危害特别严重，对 2 个及以上省份（含港澳台地区）或境外国家和地区造成特别严重社会影响和健康损害后果
Ⅰ级风险	国务院认为有必要由国务院或国务院授权有关部门负责处置
Ⅱ级风险	事件危害严重，对 2 个及以上设区市行政区域造成严重健康损害和社会影响的
Ⅱ级风险	一起农产品中毒事件出现 10 人以上死亡病例的或 1 起农产品中毒人数在 100 人以上，并出现死亡病例的
Ⅱ级风险	省级人民政府认定的其他Ⅱ级农产品质量安全事件
Ⅲ级风险	事件影响范围涉及设区市级行政区域内 2 个及以上县级行政区域，并造成严重健康损害后果的
Ⅲ级风险	一起农产品中毒事件中出现死亡病倒的或中毒人数在 100 人以上
Ⅲ级风险	市（地）级以上人民政府认定的其他Ⅲ级农产品质量安全突发事件
Ⅳ级风险	事件影响范围涉及设区市级行政区域内 2 个及以上县级行政区域，并造成严重健康损害后果的
Ⅳ级风险	一起农产品中毒事件中出现死亡病倒的或中毒人数在 100 人以上
Ⅳ级风险	市（地）级以上人民政府认定的其他Ⅲ级农产品质量安全突发事件

4.4.2　事件舆情热度级别核定

按照农产品质量安全突发事件的信息传播情况和舆情导向情况，可将事件风险等级分为以下四级，见表 4-7。

表 4-7　事件舆情热度类别与内容

级别	具体内容
Ⅰ级舆情热度	距离事件首次曝光两周以上
Ⅰ级舆情热度	报道媒体国家级别超过 3 家或地方媒体超过 5 家
Ⅰ级舆情热度	媒体报道次数超过 10 次
Ⅰ级舆情热度	网民评论转载量超过 10 万事件危害严重，对 2 个及以上设区市行政区域造成严重健康损害和社会影响的
Ⅱ级舆情热度	距离事件首次曝光 1 周以上
Ⅱ级舆情热度	报道媒体国家级别超过 2 家或地方媒体超过 3 家
Ⅱ级舆情热度	媒体报道次数超过 8 次
Ⅱ级舆情热度	网民评论转载量超过 5 万

表 4-7（续）

级别	具体内容
Ⅲ级舆情热度	距离事件首次曝光 5 天以上
	报道媒体国家级别超过 1 家或地方媒体超过 3 家
	媒体报道次数超过 5 次
	网民评论转载量超过 3 万
Ⅳ级舆情热度	距离事件首次曝光 3 天以上
	报道媒体国家级别超过 1 家或地方媒体超过 2 家
	媒体报道次数超过 3 次
	网民评论转载量超过 2 万事件影响范围涉及设区市级行政区域内 2 个及以上县级行政区域，并造成严重健康损害后果的

4.4.3 应急响应级别核定

与以往的应急响应不同，考虑到网络舆情热度的事件级别划分降低了应急响应的燃点，即使没有达到响应的风险管理级别，达到了舆情热度对应级别，也要采取响应的应急行动，这样就从媒体不良舆论导向方面控制住了突发事件的危害，能够从根本上消除大众的恐慌心理。同时，在研究舆论热度的同时，也可以间接预测到事件的影响及发展趋势，可以尽早做好应急的准备和处置工作。

根据农产品质量安全突发事件的风险等级和舆情热度等级，应急响应等级分为四级，Ⅰ级响应根据要求和工作需要，由农业部应急处置，统一领导和指挥事件应急处置工作。Ⅱ级、Ⅲ级、Ⅲ级响应要求省、市（地）、县级农业应急主管部门在地方政府领导下，统一组织开展应急处置。Ⅰ级风险和舆情热度的农产品质量安全突发事件对应Ⅰ级响应；Ⅱ级风险和舆情热度的农产品质量安全突发事件对应Ⅱ级响应；Ⅲ级风险和舆情热度的农产品质量安全突发事件对应Ⅲ级响应；Ⅳ级风险和舆情热度的农产品质量安全突发事件对应Ⅳ级响应。值得注意的是，风险等级和舆情热度只要有一个达到相对应的级别，就启动对应响应程序，而非两个同时达到才启动对应响应程序。

4.5 突发事件预测预警机制

预测预警是整个应急管理过程的第一道防线，目的是为了有效地预防和避免突发事件的发生。预测预警机制中不仅需要常规的预测预警机制，还需要涵盖相对应的信息交流机制，这就需要设立常规的机构组织，在不同级别的农业行政机构应该设立常规监测的专业人员和充足资源，并建立不同种类农产品的风险因子库，涵盖了不同类型的风险因子及其相关信息，根据此数据库即可判断出监测数据是否有预警信号存在，数据库的建立和维护需要专业人员的支持，危害清单内容随时根据实际监测情况进行增减和调整，实施动态的监测管理。最终经过评估评级后，信息一方面需要马上上报相关应急管理机构，看是否需要启动预案，另一方面必须告知公众，提高信息透明度，将危害范围降低到最低水平。事件后果的信息分析必须要加以充分的估计和准备，只有敏锐地洞察到潜在的危机因子，准确感知危机中隐藏的机遇，才可能在应急处理工作中赢得主动。

4.5.1 运行准备

建立和加强农产品质量安全突发事件应急管理的预测预警机制，首先要建立高效、快速、灵活的突发事件预警组织体系和一支训练有素的农产品质量安全突发事件应急管理专业队伍。其次，构建农产品质量安全突发事件信息监测系统，分别建立针对各种农产品质量安全突发事件的灵敏、准确的信息监测系统和各系统之间的信息共享机制，建立各种信息的传递、汇报制度，及时捕捉、收集相关信息。第三，列出可能导致突发事件发生的各种事件和因素，建立快速、准确的信息分析系统和突发事件确认的指标体系，并在实践中不断加以改进和完善。第四，在预测到突发事件可能爆发时，国家行政机关可依法决定和宣布国家的某一地区或某些地区进入预警期，或者发布某些预警信息，向公众发布可能受到威胁或者损害的警告或者劝告。决定和宣布预警期或公布预警信息的国家行政机关有权按照法律、法规的规定采取紧急预控措施，但不得擅自扩大自己的职权，侵犯公民的基本权利。最后，宣布预警期或发布预警信息的国家机关要及时向全社会发布有关突发事件变化的新信息，让公众随时了解事态的发展变化，以便主动参与和配合政府的突发事件管理措施，提高应急管理的效率，同时适当管理和引导媒体，使其报道更理性、更全面、更真实。不断加强应急预警的理论研究，加快突发事件预测、预警设施、设备的科学研究和攻关，不断提高应急预警能力。

4.5.2 主要构成

建立预测预警机制就是要对可能发生的各种突发事件能够提前有一个充分估计，以及时确定最佳应对方案，最大限度地控制危害。完善的预警监测机制包括以下几个方面：

（1）专业的预测预警组织机构

为确保农产品质量安全突发事件的预警管理高效、准确、迅速，各级相关部门必须有常设的应急管理机构和相应的专家库，配备专门人员履行这一职责，聘请外围的专家咨询及顾问团队为预测预警工作提供智力支持和技术帮助，制定有效的预防控制方案。根据我国现有的农产品质量安全应急管理架构与职责分工，应该本着“属地管理”的原则，综合协调职能应由同级常设的应急管理机构承担。

（2）严格的预测预警问责机制

突发事件的发生及其影响的扩散，很多时候都是由于行政人员的玩忽职守以及官僚主义制度弊端等因素造成，只有明确职责，才能促使政府部门的预测预警工作真正落实到位。针对不同类型的突发事件预测预警工作中，面对不同的参与主体，必须量化预测预警责任，明确规定和设置问责对象、问责主体、问责方式、问责情形以及问责程序等具体要素。

（3）预测预警工作中的沟通协调机制

基于行政工作的整体性及统一性的需要，无隶属关系的行政机关主体之间相互协作支持，共同完成一定的行政管理任务对于突发事件预测预警工作来说是十分必要的。因此，应建立相应的行政协调机制，对于预测预警工作中的协调部门及机关、协调意见的表达、协调的方法与程序、相关法律责任、采纳、执行等做出明确而具体的规定。

（4）预测预警与社会举报相融合的预警网络

农产品质量安全应急管理是一项全民动员、集体参与和网络应对相结合的综合性集体活动，需要发动全社会的集体力量。虽然绝大多数突发事件信息都是通过专业的监测机构获得的，但除了专业的监测机构的检测结果之外，社会公众的举报和其他国家或国际组织的通报信息等也是获得应急管理信息的重要途径。同时，及时发现和报告农产品质量安全突发事件的相关信息是公共安全和公民社会责任意识的充分体现，公民的社会监督举报与专业机构的监测一样重要，只有将二者有机结合才能构成完备的突发事件预测预警体系。

4.5.3　运行流程

农产品质量安全突发事件应急管理预测预警机制的运行流程如下：

（1）预测预警信息的收集

农产品质量安全应急管理部门必须具备多条信息来源渠道，只依靠一两个信息渠道，必然会使得信息的获取不够全面，信息的屏蔽和误导也多是由于信息来源单一引起的。保持多种渠道并存的信息沟通，必须保证不同信息渠道之间获取信息过程的独立性，各个渠道之间必须保证互不影响、互不干涉。如果在报送相关农业主管部门之前，农产品质量安全突发事件相关信息信渠道，有相互影响和干扰的状况出现，则多元渠道与单一渠道并无区别。同时，在通过新闻媒体向公众传递事件信息时，农业相关职能部门应该做到“统一口径”。在向上级政府部门及中央决策机关传递信息时也要遵循同样的原则，避免相关决策机关因为信息的屏蔽而导致决策失误。决策机关应该与不同信息渠道获得传递的信息共享。

信息收集过程中，必须要注意信息的真实性和时效性。信息的时效性是应急管理信息处理的首要要求。在第一时间了解所发生的事件是各级农业行政部门和社会公众共同希望实现的。特别是决策处置部门，如果不能在第一时间得到已发生突发事件的相关信息，必然会影响危机的应对的效率。突发事件一旦曝光，信息就会通过网络等形式迅速扩增，而且不同的传播渠道还会有不同内容的信息流出。因此，重在时间的应急处理，不允许有任何错误的信息出现，错误的信息容易导致错误的决策，因而导致社会资源的极大浪费。

（2）预测预警信息评估

根据已经概括出的可能导致农产品质量安全突发事件发生的各种类型和影响因素，以快速、准确的信息分析系统进行科学合理的评估预测。信息的整理需要把握三个方面内容：一是对象的确定，即信息整理对应的主体是谁，有什么特征，需要侧重哪些内容和类别；二是应该根据现有危害数据库资料数据，对危害进行分析评级，初步判断这些对象可能引发的公共危机；最后还需要从中筛选出最为重要的信息，确定危害因子会造成重大影响的程度。

（3）预测预警信息的共享

为了让决策者及时采取相应的措施控制应对已经发生的突发事件，经过整理后的信息必须要及时提交给应急管理组织和组织的最高决策层。根据科学的判断标准和确认程序，在对突发事件的各种可能性做出科学准确的判断和预测后，预测到事件可能有爆发的趋势时，就应该及时将事件可能发生或即将发生的信息告知公众，让相关的部门和利益相关者做好一定的准备工作，增强防范能力。

预警期的决定和宣布及预警信息的公布应该按照相关的法律、法规规定，不得擅自决定和发布。预警信息必须及时向公众公开，只有这样才能还原事件的真相，避免谣言的散播和由此而引发的信任危机及恐慌心理。反之，如果采取封锁相关信息的方式，或是轻描淡写故意隐瞒，预想大事化小，采取报喜不报忧的态度，反而会丧失政府信用，损害政府形象。让公众随时了解事态的变化和发展，鼓励民众主动参与和配合政府的应急管理工作，可以有效提高工作效率。在与媒体的沟通协调方面应该保证其报道内容的真实合理性。

4.6 突发事件报告

农业相关行政部门应建立农产品质量安全突发事件信息报告系统，农产品质量安全突发事件信息的收集、处理、分析和传递等工作由农业农村部农产品质量安全监管局主要负责。信息保障主要包含信息收集、信息处理、信息传递及信息汇总几个部分。在实际的应急管理操作中，每个环节都是不容忽视的，只有在每个环节做好信息沟通交流，才能保证危害的正确传达。事前预防准备阶段主要是信息的收集、处理，响应阶段主要是信息的传递，事后主要是信息

的汇总。不同的发展阶段需要针对不同的信息内容进行有效沟通。

4.6.1　突发事件报告制度运行保障

农产品质量安全突发事件相关信息的沟通需要专业的资源技术支持、平台支持及制度保障。专业技术支持指的是相关专家对信息内容的筛选辨析，对风险的正确评估，保证信息的真实准确性，同时，在传达过程中也需要专业的相关人员进行操作。平台支持指的是信息上报、通报及发布的渠道，上报渠道一般由政府内部网络完成，与大众沟通的渠道则除了官方网站外，应该有专门的农产品质量安全突发事件网进行实时报道，除了当下的事故处理进程，大家还可以自行查询过往突发事件的发生、发展及解决过程。除了专门的网络平台还需要与时俱进，推出相关的公众微信、微博平台，便于与消费者的沟通。制度保障方面，需要从报告、通报、公布的流程方面做出详细的规定，并对于谎报、瞒报等不实信息的发布上报情况，规定奖罚措施。

4.6.2　突发事件报告流程及内容

在我国，突发事件报送的信息内容一般要包括以下要素：时间、地点、信息来源、事件起因和性质、基本过程、已造成的后果、影响范围、事件发展趋势、处置情况、采取的措施及下一步工作建议等。按照报送的顺序，突发事件信息的报送可以分为初次报送、阶段报送和总结报送三个阶段，见表 4-8。

表 4-8　突发事件信息报送阶段及内容

信息报送阶段	具体内容
初次报送	初次报送指的是信息报送责任主体如无特殊原因，应在获得突发事件发生的信息后立即报告给上级政府应急管理部门，并说明具体原因。初报的内容主要包括报告单位、报告人姓名、信息来源、接报时间、突发事件发生的时间、地点、类别和简要情况
阶段报送	阶段报送要求一事一报，及时续报，强调内容的连续性。信息报送责任单位要将突发事件的基本情况、应急响应情况、事件发展趋势和建议及时报告给上级政府应急管理部门。对性质严重、情况复杂、当天不能处置完毕的实行“日报”制度，必要时随时续报
总结报送	在突发事件处置结束后，立即开始进行总结报告

在突发事件处置结束后，立即开始进行总结报告。信息报送责任单位向上级政府应急管理部门报送正式文件，并附全部附件。主要内容，见表4-9。

表4-9 突发事件报告及内容

报告内容	具体内容
突发事件的情况	包括突发事件发生的时间、地点、原因、性质，涉及的人员、财产和事件分类、分级等情况
应急报告情况	包括接报时间、初次报告时间和阶段报告等情况
应急处置情况	包括预案启动时间、数量、名称等情况，开展应急处置的领导、部门、人员和设备、接报和到场事件、领导的指示，采取的主要措施的情况，人员伤亡和财产损失情况，事态影响的范围、控制和发展状况
善后处理情况	包括死者抚恤、伤者救治、受灾人员安置等情况，受损财务的赔偿补偿、恢复重建等情况，相关责任单位、责任人的处置、处理和相应的措施等情况

本章主要参考文献

[1] 安建，张穹，牛盾. 中华人民共和国农产品质量安全法释义［M］. 北京：法律出版社，2006：92.

[2] 中国人大网. 农产品质量安全监测管理办法［EB/OL］.［2016-06-01］. http：//www. npc. gov. cn/npc/zfjc/zfjcelys/2016-06/01/content_ 1990746. htm.

[3] 刘亚东. 我国畜产品安全风险评估体系现状及分析［D］. 郑州：河南农业大学，2013：3.

[4] 王杕. 农产品质量安全应急管理研究［D］. 北京：中国农业科学院，2014.

[5] 胡泽江. 风险评估中定性与定量的分析方法［J］. 大连海事大学学报，2010，36：13-15.

[6] 朴文峰. CP集团M一体化项目风险管理研究［D］. 长春：吉林大学，2013.

[7] 李祥洲. 农产品质量安全舆情监测分析概论［M］. 北京：中国农业出版社，2016.

[8] 郭林宇，戚亚梅，李艳，等. 农产品质量安全网络舆情监控体制机制研究 [J]. 食品科学，2013，34（3）：312-316.

[9] 丁昌东. 农产品质量安全突发事件分级标准存在的问题与对策 [J]. 农产品质量与安全，2010，5：49-51.

[10] 李祥洲. 我国食用农产品质量安全网络舆情风险分析的内涵和外延 [J]. 农产品质量与安全，2017，5：3-7.

第5章 农产品质量安全舆情管理

舆情是由个人及各种社会群体构成的公众在一定的历史阶段和社会空间内对自己关心或与自身利益紧密相关的各种公共事务所持有的多种情绪、意愿、态度和意见交错的总和，是人们的认知、态度、情感和行为倾向的原初表露。舆情对农产品质量安全问题的放大和炒作，大大提高了应急处置成本，增加了农产品质量安全监管工作的难度，严重挫伤了消费者信心，给产业发展带来了严重损失，甚至引发毁灭性打击，影响社会和谐和经济发展。本章以理论研究与案例分析相结合，阐述农产品质量安全舆情应对规律，把握好应对技巧，正确引导舆情发展。

5.1 媒体与农产品质量安全监管

18世纪法国的政治思想家卢梭认为，在全世界一切民族中，决定人民爱憎取舍的绝不是天性而是舆论。这一理论在现实社会中仍很实用。就近年来的农产品质量安全舆论影响情况来看，媒体客观、正确的舆论监督、舆论引导有利于弘扬正能量，促进农产品质量安全生产、管理、消费，不客观的、负面的甚或错误的舆论渲染形成的舆论倒逼也可能对农产品质量安全工作起到一定的推动作用，但常常更多的会给农产品产业发展、政府公信力乃至社会和谐稳定带来严重的破坏作用，给消费者的消费行为带来严重的困扰。

5.1.1 新媒体时代信息传播的特征

(1) 新媒体时代实现了信息传播的便捷互动

新媒体在信息传播的过程中通过信息网络技术实现了各种形式的便捷互动，极大地削弱了物理空间对信息传播的阻碍作用。依托移动网络，公众可以在任

何地方通过手机、平板电脑观看视频、阅读新闻事件以及进入社交网络平台进行话题互动交流。此外，全新的媒体形式实现了信源、信宿间信息交流的“全双工模式”，为社会大众参与社会时事的讨论，提供了交流的平台。

(2) 新媒体时代促进了信息传播的快捷高效

新媒体实现了信息的快速传播，拓宽了媒体传播渠道。当前，有关社会舆情的发展，更是超乎想象，一些社会突发事件的发生、报道，在数量庞大的网民的支持下，关注度及影响力得以提升，信息传播的速度大大地超越了传统媒体。新媒体信息传播速度的瞬间化发展，也给新媒体时代的传播发展提供了摆脱时间、空间限制的可能。新媒体信息传播范围的广泛化发展，使有价值、有意义的信息，随时随地地实现了跨越时空的传播。

(3) 新媒体时代的信息传播坚持大众为先

新媒体信息传播的大众性，使新媒体的传播呈现出内容海量化、传播节点碎片化、传播方式群际化的发展特点。网络搜索引擎技术的快速更新发展，大量的信息通过博客、微博、图片、文字等形式得到迅速传播。人们利用网络搜索引擎，快速地查找自己需要的各种信息。新媒体技术使每个网民都可能成为信息的生产者与舆论问题的制造者，推动了“大众麦克风”时代的到来，促使信息传播呈现出碎片状的分布方式。

(4) 新媒体时代信息传播兼顾多元发展

新媒体信息传播的多元性发展，促使其自身兼具了以往各种传媒的优势，将信息的发布与传播融合了文字、图像、声音的同步性发展。在一定程度上，实现了新媒体时代传播的跨时空性、可检索性、交互性等发展环节，人们可以通过各种移动终端设备，随时随地进行信息的阅读、收听以及新闻事件的讨论。

5.1.2 新媒体时代信息传播的机理

在传统媒体时代，信息的传播具有单向与独立两大特点，见图5-1。根据香农模型（Shannon - Weaver model），信息从信源发出，经由书报刊及广播电视等传统媒体渠道单向传递给信息受众。这些平面媒体、广播媒体和电视媒体等之间没有直接的连接通道，媒体之间相对独立，并且多数掌握在国家机构或者大型商业机构手里，从信息采集、编排到发送等环节具有较高的可控性，由此也形成了大众媒体的权威性与垄断性。

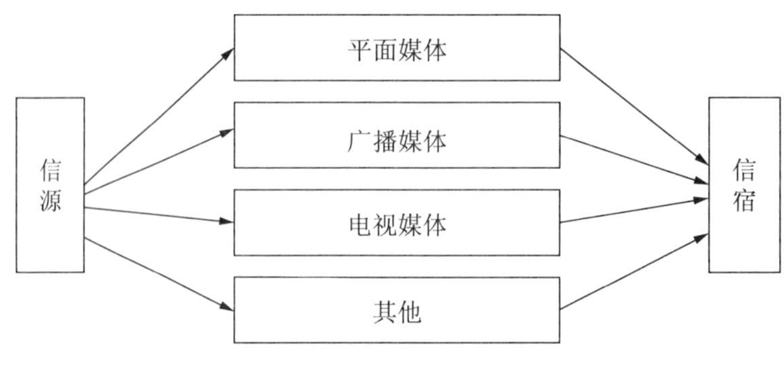

图 5-1 传统信息传播模型

PC 网络和移动网络作为信息传播渠道推动了信息传播新媒体时代的到来。新媒体时代之“新”，在于“新”的并且仍在不断发展的信息传播技术手段及体验方式。新媒体环境中信息传播的机制与传统媒体差异明显，这对身处新媒体环境的社会成员而言是一种崭新的信息体验方式，见图 5-2。

（1）信息的主客体差异被淡化

传统媒介背景下，传播者不仅决定着传播的过程，而且决定着信息内容的数量与质量、流量与流向，甚至掌控信息对社会的作用与影响，信息的主客体差异显著。而新媒体环境下，每个人都可以通过网络、手机，以点对点或者点对面的方式向别人传播信息。接受信息的客体同时也是生产信息的主体，每个信息的“受众”均有资格转换为信息的发送者。在新媒体环境下，每个参与者的主体性得到认可，当然也会因之导致信息的“性质”受到影响。

（2）信息传播的匿名性和便捷性

新媒体环境下，网络平台以及手机终端技术为信息的快速传播提供了良好基础。便捷的通信工具提高了信息传播的虚拟性、间接性和隐蔽性，信息表象与隐藏在其后的“责任人”之间，似乎已切断了现实中的联系。新媒体环境中，我们似乎不再通过人与人的交往获得信息，不再关注“信息提供者”的特征和属性，而是人与信息的直接紧密结合。

（3）信息传播的可控性弱化

与传统媒介相比，新媒体环境下信息生产和传播过程的自主性更强。随着互联网技术的不断进步，尤其是从早期 web 1.0 时代发展到 web 2.0，信息内容

不再是由专业网站或特定人群所产生，而是由全体网民共同参与、共同创造而成。这在一定程度上促进了信息传播的去中心化，大量信息基本上能够不加“润色”“原生态”地呈现在信息受众面前。

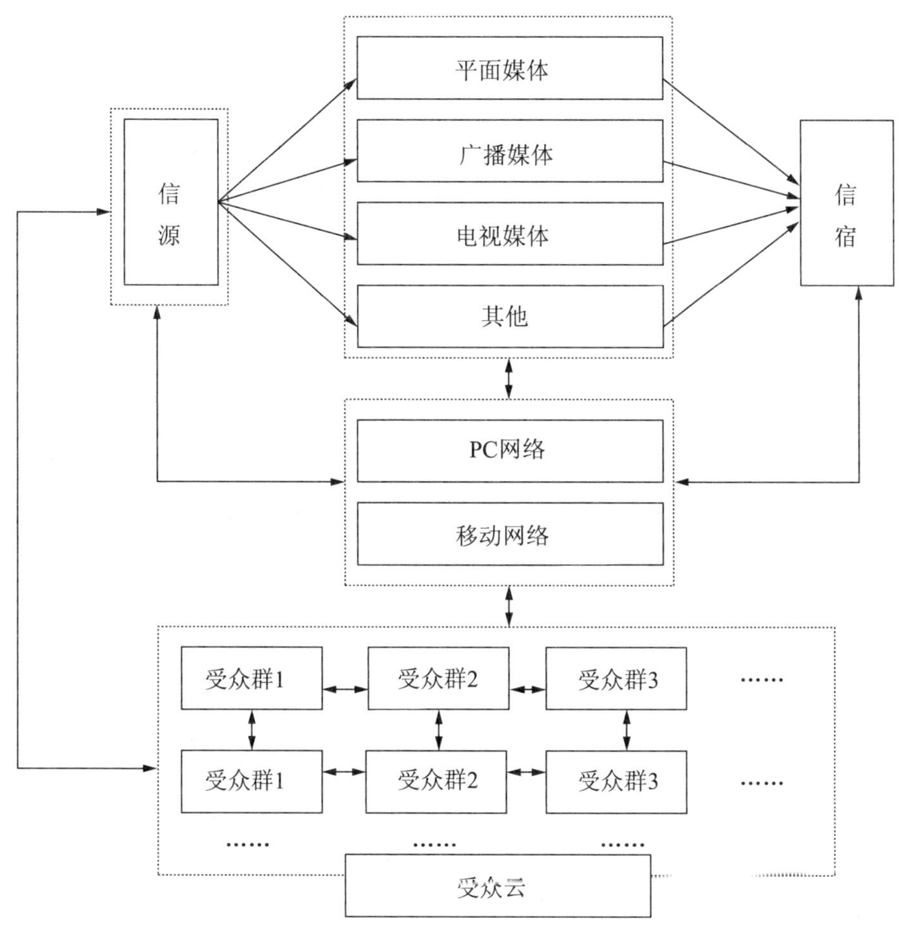

图 5-2　新媒体时代信息传播模型

（4）信息传播与社交化活动紧密联系

新媒体环境下的信息传播过程往往伴随着社交过程进行。如网络社区、QQ 群组、微信朋友圈等社交化平台，通过不同维度将传统的信息受众划分为不同的受众群，众多的受众群共同形成了当前信息传播的受众云。信息经由不同媒体渠道流入一个个受众云后，在群组内、群组间不断传递、发酵，甚至引发谣言。在此背景下，信息传播过程的可控性进一步弱化，各种非主流甚或反主流的信息都可能通过社交媒体传播和扩散，这将对信息接收者正常的接收信息过程造成影响。

5.1.3 媒体在农产品质量安全监管中作用

(1) 信息传递

新闻媒体具有信息传递的功能，而所传播的准确、充分、全面的新闻可以帮助人们获知新闻信息，消除对周围世界各种事物的不确定性的认识，从而提高人们适应环境的能力，提高人们应对各种突发事件的能力。新媒体环境中的农产品质量安全问题，不少是因为信息不对称而产生的误导、误读、误解、误传，要化解信息不对称造成的舆情风险，必须有赖于强化依托全媒介的信息发布和科普解读，科学、全面、准确、及时向社会公众传递农产品安全生产、安全监管及安全消费等方面的信息、知识。在近年来的一些农产品质量安全突发问题事件中农产品质量安全监管部门与媒体在信息发布方面及时有效的合作交流互动对减少舆情的负面影响、提高消费信心、保护产业发展及维护政府公信力等方面都取得了明显的成效。

(2) 舆论监督

在传播学中，新闻传媒被称为“社会守望者”“社会雷达”和“社会监视器”，其实指的就是新闻传媒传播新闻的功能所产生的社会作用。舆论监督是新闻媒体运用舆论的独特作用，帮助公众了解政府事务、社会事务和一切涉及公共利益的事务，并促使有关事务沿着法治和社会生活公共准则的方向运作的一种社会行为。舆论监督通常有两种情况，一种是新闻媒体代表公众对社会进行监督，另一种是公众借助新闻媒体对社会实行监督。舆论监督是社会主义民主政治建设的重要组成部分，是党赋予新闻媒体的重要职责。党和政府重视舆论，人民群众欢迎舆论监督，构建社会主义和谐社会需要舆论监督。农产品质量安全突发事件有急性暴发也有慢性积累暴发，影响因素环节复杂。防控农产品质量安全突发事件，政府职能部门要建立风险监控和预警反应机制，但因受制于我国农业生产分散、环节多、水平不高，农产品质量安全监管起步晚等因素，政府部门不可能面面俱到。即使在发达国家，食品农产品质量安全监管方面也难做到万无一失。因此。社会监督、社会共治、风险交流就成为政府监管的有益补充。一些食品安全、农产品质量安全问题的曝光，大多源于媒体的报道。

(3) 社会协调

新闻媒体以公开向社会公众进行新闻传播为己任。新闻传媒的内容覆盖社会的各个领域、各个行业，影响无所不在。当前我国的改革发展正处于关键时期，按照构建社会主义和谐社会的要求，做好新形势下的维护稳定的工作，新闻媒体必须着力提高协调社会关系、化解社会矛盾的能力，做好群众的工作，疏导群众情绪的能力。新闻宣传要发挥交流沟通功能，对政府决策和改革举措，进行有针对性和说服力的解释，起释疑解惑、明事悟理的作用。农产品质量安全突发事件的应急管理，有赖于媒体协调关系功能的发挥。媒体的报道不仅能够引发农产品质量安全突发舆情事件，其对事件发展的关注也成为事件的组成部分。尤其是媒体对各种问题的评论、新闻背景的分析，能够释疑解惑、引导舆论发展方向，由此发挥着联系社会、协调公众意见的作用。政府职能部门可以通过媒体及时发布消息、科普解读，澄清公众的认识，消除负面影响，成为农产品质量安全风险交流的重要组成部分。媒体往往既是政府职能部门应急管理的对象，也是实施应急管理所需要的重要渠道。能否与媒体有效沟通，就成为政府部门应急管理有效与否的关键。

5.2 农产品质量安全舆情传播一般规律

近年来，网络舆情的异军突起，从表面上看是互联网的快速普及，而根本上的原因是近年来网络舆情事件、网络公共事件的频发、高发，以及由此造成的虚拟社会对现实社会的影响。在社会转型、经济转轨的背景下，作为社会民意与社会情绪的反映，网络舆情的多发、突发和频发已成为一种新常态。

5.2.1 农产品质量安全网络舆情的成因

(1) 互联网的快速发展为农产品质量安全网络舆情的产生蔓延提供了快捷高效的工具

近年来，计算机及网络技术快速创新，自媒体应用和传播形态日趋多元化，微语境获得了空前发展。碎片化的网络语境是网络舆情产生的重要缘起。网站新闻、网络论坛、QQ群及其他网络社群、微博、微信、微视频等网络媒体相互融通借力，为舆情信息的传播和网络舆论的形成提供了便捷的工具，成为热点事件曝光与快速传播的重要平台。理论上只要借助这些媒体技术几乎所有人都可以实现向他人发布、传播、互动相关信息及意见，尤其是版主、吧主、意见领袖等掌握话语权、议程设置权，可以非常方便地将生活中具有某种新闻价值的事件进行爆料，加速舆情的聚集。目前，我国已成为世界上网民最多的国家。在网民数量迅速攀升的同时，网民上网从早期的科研、教学以及后来的娱乐社交逐渐转向对社会公共事件的关注，网民利用互联网的角色也逐渐从信息获取者向信息制造者转变，涉及一日三餐的食用农产品质量安全问题，自然成为网民热衷关注的公共话题。

(2) 人们日益增长的安全优质农产品的消费需求与生产方式滞后的矛盾为网络舆情提供了“燃烧物质”

据社会燃烧理论，社会转型和经济转轨过程中出现的系统性问题都是社会燃烧的物质。21世纪以来，我国农业农村经济进入了新的发展阶段，主要农产品由长期短缺变为供求基本平衡丰年有余，人均GDP呈现快速增长态势。按照世界发达国家的发展规律，当一个国家或地区人均GDP超过3000美元之后，都是一个大变化大调整的时期，城镇化、工业化进程加快，居民消费类型和行为也会发生重大转变。2008年，我国人均GDP达到3000美元，2015年已突破8000美元。我国已进入食物结构和营养结构大调整的时期，国民对食物的需求发生本质性变化，由主要注重数量转变为数量和质量并重，人们将注意力从吃得饱转向吃得好、吃得安全，对食用农产品质量安全性的关注度越来越高。但在社会经济快速发展的背景下，农业生产的一些深层次制约因素仍没有得到根本解决。农产品生产链条长，组织化程度低，生产主体整体素质不高，生产安全优质农产品的科学技术及监督管理的体系队伍能力建设跟不上，安全隐患复杂多变，违法手段花样翻新，生产力和生产关系的矛盾和问题逐步显化，农产品质量安全问题事件进入频发期，公众对于农产品及食品的不安全感日积月累，任何问题都可能成为网络虚拟空间农产品质量安全舆情燃烧的材料。在网络媒体曝光农产品质量安全性问题及发表相应的意见、观点、态度和看法的人越来越多。

(3) 正常渠道信息交流不畅与网络信息把关功能缺失为网络舆情的繁荣提供了“契机”

近年来，虽然农产品质量安全监管力度不断加大，也出台了一系列农产品质量安全信息发布、风险交流的规章制度，但客观上信息发布、风险交流以及质量安全追溯等制度仍不健全，部分群体的利益诉求不能正常表达，信息不对称等问题仍然存在。而一些通过正常渠道无法解决的矛盾和问题经过网络曝光之后不仅得到了高度重视，还得到了及时圆满的解决，由此造成的虚拟社会对现实社会的影响效果，也让弱势群体认为找到了他们安全维权的新渠道，因而造成大量网民从看热闹似的看客到无所顾忌的活跃参与。同时，与传统媒体相比，目前网络信息的传播把关功能相当微弱甚至缺失，网络的互动便捷及匿名特性，使得网民获得了充分的“新闻自由”和“言论自由”，农产品质量安全“问题”一旦被网民发现，不管大小真假，就会被网民向全国联播，舆情随之被点燃。

(4) 网民农产品质量安全科技知识欠缺及网络媒体求关注等复杂心态成为农产品质量安全网络舆情的“助燃剂”

据 2010 年第八次中国公民科学素养抽样调查，2010 年我国具备基本科学素质公民的比例为 3.27%，比 2005 年的 1.60% 提高 1.67 个百分点；2010 年我国公民科学素养水平相当于日本（1991 年 3%）、加拿大（1989 年 4%）和欧盟（1992 年 5%）等主要发达国家和地区 20 世纪 80 年代末、90 年代初的水平。据 2015 年第九次中国公民科学素养抽样调查，2015 年我国具备科学素质的公民比例达到了 6.20%，比 2010 年的 3.27% 提高了近 90%，但总的来看，与西方主要发达国家仍然存在较大差距。从近年来发布的中国互联网发展状况统计报告中也可以看出，低年龄、低学历、低收入的“三低”网民占据了网民群体的 70% 左右。网民科学素养不高，对农产品质量安全生产、安全消费科技知识不甚了解，极易受到负面舆情信息的影响，甚至积极“曝光”一些诸如“化肥、农药催熟早稻”“打针西瓜”“无籽葡萄是抹了避孕药”等明显缺乏基本农业科技常识的伪命题。此外，一些媒体从业人员的农产品质量安全科技知识贫乏；有些媒体片面追求时效，为“抢占先机”不核实信息的真实性和准确性，以讹传讹；有些媒体为提高关注度，制造轰动效果，动辄冠以“致癌”“剧毒”等字眼加以报道，夸大负面新闻，把个别现象扩大化，虚高农产品质量安全问题的严重程度；一些生产企业为了打击竞争对手，买通媒体或亲自穿上“马甲”披挂上阵在网络媒体发帖、跟帖“爆料”，通过网络散布谣言，恶意攻击竞争对手。消费者在一些媒体的误导下，难以对农产品质量安全问题形成清醒客观的认识，一旦出现农产品质量安全负面信息都极易形成“有罪推定”的思维定式，引发非理性的共鸣。

(5) 监管部门对新媒体环境危机管理不熟悉、新兴媒体舆情应对失度常为终结农产品质量安全舆情而“抱薪救火”

在“大众麦克风”时代，催生了一个巨大的“网民压力集团”，政府应对农产品质量安全舆情的一言一行都会被高倍放大，稍有不慎就可能引起舆论讨伐。通过近年来发生的一系列食品及农产品质量安全舆情事件的处置情况来看，一些问题事件责任者有的是对新兴的网络媒体还很陌生，有的是对网络舆情的影响不够重视，没有将网络舆情引导处置纳入危机管理，有的是认识到了其重要性但管理应对措施不力，管理者失声或滞后，甚或借口维稳而下意识地采取简单粗暴的封、堵、删等手段，有意无意地站在了与网络民意相对立的立场，进一步激化矛盾，抱薪救火，从而使得舆情逐步扩大和升级。

5.2.2 农产品质量安全舆情传播的一般规律和特征

(1) 一般规律

网络舆情的生成路径一般可以分为两种情形，一是新闻信息率先在传统媒体发布成为舆情的起点，二是新闻信息率先在网络媒体的论坛、博客、微博、微信、微视频等中发布成为舆情的起点。研究发现，农产品质量安全网络舆情的形成和传播主要有赖于网络媒体的推动，同时也离不开传统媒体的助力。从首发渠道和传播者来看，农产品质量安全网络舆情的肇始及其演变路径一般有以下几个方面。

1）网民爆料的“蒸腾作用”。一些突发农产品质量安全问题事件和信息首先由网民通过手机短信或在微信、微博、微视频、论坛、QQ 群爆料，受到网络“意见领袖”重视置顶、加精华、转发，并转帖至网站，尤其是一些权威性的门户网站，招来大量网民围观；之后进入传统媒体视野后，经报纸、电视等传

统媒体报道，引起广泛关注和重视，点击率飙升，网民因此受到鼓舞，出现更多的补充爆料和跟帖评论。此时，传统媒体后续跟进求证、评论，与网络形成强烈的互动，不断循环“蒸腾”放大，从而不断升温升级形成“热点”舆情。其基本路径是：网民爆料—网络媒体—传统媒体—网络媒体循环“蒸腾”放大。

插文 5-1 “蛆虫柑橘”短信事件

2008 年 10 月下旬，一条“告诉家人和同事朋友暂时不要吃橘子，今年广元的橘子在剥了皮后的白须上发现小蛆状的病虫，四川埋了一大批，还撒了石灰”的手机短信通过手机、网络在全国范围广泛传播，随后电视、报纸等传统媒体陆续跟进报道有关情况，网民进一步互动参与，全国各地纷纷“发现”“蛆虫柑橘”，掀起一场“蛆虫柑橘”的舆情巨浪，一条不实的短信影响到了全国的柑橘，果农损失超过 100 亿元。

以“蛆虫柑橘”短信事件为例，见插文 5-1。“蛆虫柑橘”舆情形成发展路径可归纳为：短信爆料—网络媒体转发—网民热议—传统媒体转发求证评议—网民进一步关注爆料—相关地区受牵连—全国舆情形成。

2）传统媒体发端的舆情“瀑布”。一些涉及农产品质量安全问题的信息先在传统媒体报道曝光后，受到一些论坛、微博、博客等的“意见领袖”的及时关注，传至网络媒体引起广大“粉丝”的关注、跟帖、评论、转发，似瀑布飞流直下，在网络中传播放大。网民在跟帖、评论中，补充提供更多的新情况，相近地区或相关产品受到牵连、怀疑，以至于小范围的点逐步连成线，直至形成波及整个产业面的问题舆情。其基本路径是：传统媒体—网络媒体—网民快速互动形成舆情“瀑布”。

插文 5-2 神农丹“毒姜军”问题

2013 年 5 月 4 日晚 19：45，央视“焦点访谈”开始报道山东潍坊市峡山区姜农违法违规使用剧毒农药神农丹种植生姜。19：48，微博博主“浪浪给我加个 V”等陆续将有关报道转发在微博上。20：33，央视网就将报道全文上网，随后陆续出现在各大门户网站，并改头换面出现在各种网络媒体。5日，报纸、电视、广播等传统媒体纷纷对此做了报道或追踪报道。之后，网民广泛参与声讨、检举，线上线下互动，全国各地紧急围剿“毒姜军”，形成了使山东等地生姜在短时间内量价齐降的负面舆情。

以神农丹“毒姜军”问题为例，见插文5-2。山东姜农用神农丹种植生姜问题的舆情发展路径可以概括为：传统媒体曝光—网络媒体转载—传统媒体持续跟进接力—网络热议—全国舆情形成。

3）网络媒体内部交互的“蝴蝶效应”。一只南美洲亚马逊河流域热带雨林中的蝴蝶，偶尔煽动几下翅膀，可以在两周以后引起美国德克萨斯州的一场龙卷风。这是混沌学理论中的蝴蝶效应。用蝴蝶效应来阐释当今突发事件网络舆论的形成和发展是很贴切的。一些农产品质量安全问题疑虑被网民发在自己的微博、微信、博客中，或在其QQ群以及BBS中交流，甚至是手机短信传播，虽没有被传统媒体“采用”，但受到其好友、粉丝和关注者的热捧，并被一些持有近似观点及忧心的版主们支持加精华、置顶，吸引更多的网民关注、热议，也能放大形成一定程度压力的网络舆情。这种事例很多，这种负面舆情的影响在一定程度上说还是比较有限的。不过，如今网络媒体“绑架”传统媒体的情况很平常，稍有价值的网络爆料就会被传统媒体的编辑记者相中，尤其是地方小报，很容易把微信、微博及网络上的一些爆料转移到报纸上，使得一个很小的局部性的问题、科学试验甚至忧虑演化成一个比较严重的舆情。所以，博客、微博、微信的“小道消息”形成的“蝴蝶效应”不能小觑。

4）议题流变。网络问题事件的议题在传播过程中会出现议题的流变，一些原本不相干的舆情客体（公共事务责任部门或环节、个人）可能“躺枪”。这种变化大致可分为直线模式、转移模式、嫁接模式和分叉模式等4种模式。直线模式是指舆情问题事件议题自始至终都围绕一个话题在讨论；转移模式是舆情从一个议题转移到另一个议题，两个议题之间存在某种实质性的关系；嫁接模式是两个议题本来毫无关系，后来随着网络爆料的增加，逐渐转化为同一个议题；分叉模式则是和嫁接模式相对，本来是一个议题，由于新的因素和变量被曝光，分化为两个议题。研究发现，农产品质量安全网络舆情问题事件在传播过程中也常出现议题的流变。如2008年“三鹿奶粉事件”曝光后，最先受到舆论谴责的是生产企业，随后，网民将愤怒转移发泄到食品监管部门，后来再次分叉，监管生鲜乳的农业部门也在一定程度上“躺枪”。可见，农产品质量安全舆情监测分析必须重视舆情问题事件议题流变问题。

（2）一般特征

1）曝光时间的周期性。食用农产品质量安全问题事件的曝光在时间上呈现出明显周期性特征。一年中的夏秋季节是相关问题事件曝光的重点时节，尤其在每年的 3 月前后，是相关问题事件的多发时节；6 月—7 月相关曝光量一般在高位波动；8 月曝光量逐步回落；冬春季则是曝光的淡季，尤其在 2 月前后，一般是全年相关问题事件曝光量的最低点。此外，在时间节点上，如两会期间、节假日前后是食用农产品质量安全问题事件容易曝出的重要时节。

2）曝光区域的二象性。广东、山东、浙江、北京、江苏、河南等地是相关报道的高发地区。而以上地区普遍存在二象性特点。即一方面曝光地区主要集中在农产品的主要产区，如广东、山东、河南等地，具有鲜明的产地特征；另一方面，曝光普遍集中在人口相对密集、消费水平相对靠前的发达地区，尤其是大中型城市，如北京、浙江等地，具有鲜明的消费特征。

3）曝光对象的集中性。媒体曝光食用农产品质量安全问题事件主要集中于肉食类农产品；其次是果蔬类农产品，特别是应季的水果和蔬菜非常容易因质量安全问题引发媒体曝光；谷物类农产品重金属超标等质量安全问题已引发社会广泛关注。

4）诱发原因的复杂性。非法添加非食用物质、制假售假及违法违规加工，违禁农兽渔药残留、产地环境污染和动植物疫病等原因都是引发媒体曝光关注的重要原因。从源头上监管食用农产品质量安全，需要重点关注投入品问题和违法违规加工两大重点诱因。尤其是食用农产品在生产环节中农兽渔药残留问题，已经成为全社会的共识性问题。

5）隐患环节的前置性。食用农产品质量安全的隐患环节具有前置性特点，即产业链前端成为食用农产品质量安全监管的重点环节。处于产业链前端的生产和初加工环节是食用农产品质量安全最容易出问题的环节，同时也是最容易引发媒体曝光的环节。

6）舆论传播的融合性。食用农产品质量安全问题事件曝光传播过程是传统舆论场与网络舆论场相互融合推进的过程。以纸媒为核心的传统媒体是曝光食用农产品质量安全问题事件的第一股力量，在舆论传播中往往扮演曝光者（信息供给方）的角色，具有信息权威性；以网站为主体的媒体阵营在舆论传播中扮演传递者角色，扩大信息的辐射范围，具有信息亲民性；而具有社交化特色的新兴媒体形式则最终扮演公众舆论的导引者角色，是舆论发酵，尤其是网络舆论发酵的最主要场所。因此，应对类似的突发舆情事件，应从两个舆论场同时着手，疏堵结合，加强两个舆论场之间良性信息的交流互通。

5.3 农产品质量安全舆情处置主要原则

农产品质量安全监管部门运用成熟的舆情应对技巧，有理有据科学回应社会关切，运用成熟的舆情应对技巧，与媒体、网民或质询者良好互动，真诚沟通，良好互动，达成共识，对维护、提升政府公信力具有十分积极的作用。针对当前农产品质量安全舆情的特征，应对农产品质量安全舆情，应重点把握好以下几个方面的原则。

5.3.1 及时准确原则

研究发现，在一个质量安全事件发生后，网上 2h 内往往会有反应，4h 可能被大量转发，24h 内就能成为舆论热点。如果政府相关部门不及时发布权威信息，正确有效引导舆情，流言、谣言就会产生并迅速传播蔓延，误导社会公众，导致事态扩大。特别是在当前新媒体快速发展普及的时代，一旦发生农产品质量安全事件，要想封堵信息，让媒体集体沉默已经绝无可能。因此，农产品质量安全事件发生后，政府要及时反应，准确发声，影响媒体报道基调，掌控事件舆情走向。按照及时准确的原则，政府相关部门要第一时间了解事件原委，第一时间制定对外口径，第一时间发布准确信息，第一时间落实责任主体，第一时间跟踪研判舆情，第一时间组织权威评论，第一时间回应社会关切，第一时间开展民意互动，第一时间进行问责处理。从一定意义上讲，舆情应对在很大程度上是时间和速度的竞争，谁发声快，谁就能抢占先机，掌控制高点和主动权；谁发声慢，谁就会丧失机会，陷入被动挨踢的窘境。大量的实践也充分证明，在农产品质量安全舆情发生后，只有政府做到反应迅速，行动及时，

才能赢得群众理解，稳定公众情绪，避免谣言流传，把握事件处置的话语权，赢得舆情引导的主动权。

5.3.2 公开透明原则

随着信息技术的不断发展，人类社会进入了新媒体时代。农产品质量安全又受到全社会的高度关注。一旦有农产品质量安全事件发生，如果不及时公开相关情况，一些捕风捉影的小道消息甚至谣言就会迅速传播，给事件处置和政府公信力带来不利的影响。能否做到公开透明、满足公众的知情权和监督权，对于化解农产品质量安全舆情压力非常重要。2007 年《中华人民共和国突发事件应对法》明确规定，各级政府部门必须及时、准确、客观、全面地发布有关突发事件的新闻信息，对于因瞒报、谎报、迟报、漏报而延误处置时机或造成重大影响的，要追究相关人员的法律责任。2008 年《中华人民共和国政府信息公开条例》强调，突发公共事件的应急预案、预警信息及应对情况应重点公开。因此，在应对农产品质量安全事件舆情中，要按照公开透明的原则，将发生范围、发生原因、影响程度、处置过程和处理结果等信息，随时通过相应的大众媒体公之于众，及时回应社会关切，最大限度地保障公民的知情权和监督权。

5.3.3 规范有序原则

在农产品质量安全舆情应对中，政府一方面要严格按照法律法规和政策文件的相关规定，树立自身良好公信力；另一方面，又要坚持有序引导的原则，以客观理性的处置方式，回应社会上特别是网络上出现的虚假、失实传闻，使舆情朝着理性、平和的方向发展，实现法律效果和社会效果的有机统一。因此，政府在处理农产品质量安全问题事件舆情中，必须依法依规、规范有序，既要维护法律的权威性，运用法律武器，对造成重大损失的虚假舆情制造者追究法律责任，又要考虑普通民众的心理认知和心理承受能力，依据科学知识和生活常识常理对整个事件进行妥善处理；事件定性要准确无误，避免随意定性而再生负面舆情。

5.3.4 科学适度原则

在应对农产品质量安全舆情中，政府要遵循新闻传播规律，坚持科学适度的原则。一是要迅速开放传播通道。农产品质量安全事件发生以后，相关部门要把必要的信息公之于众，让公众及时了解事态和处理情况；堵不如疏，在网络上也不要阻塞言路，让网民有发表言论的场所。二是要有效控制信息导向。开放的信息传播通道有利于避免公众的猜疑和误传，但由于人们对质量安全事件的态度不同，看问题的角度不一，有可能使信息传播朝着不利于事件顺利处置的方向发展。因此，政府要牢牢掌握舆情引导的主动权，指定专门机构和人员负责事件信息的对外发布，并事先评估信息发布可能引发的各种反应，切忌发布未经证实的消息。三是努力消除谣言。在及时提供全面、确凿的事件真相的同时，动员相关领域农业专家、网络意见领袖、事件亲历者等有影响力的人，通过多种渠道对已经出现的谣言进行澄清，遏制其流传扩散。

5.3.5 媒体友好原则

各级农产品质量安全监管部门应在平时与媒体建立战略性的合作关系，互联互通，有效引导舆论方向。在舆情潜在伏期，如果媒体能够及时发现问题事件存在的先兆，向监管部门传递潜在舆情信息，引起有关部门的注意，把潜在舆情风险处理在萌芽状态之中，可有效防范问题事件舆情的爆发；舆情发生后，公众对信息的需求强烈增加，监管部门需要通过恰当恰如其分的媒体选择，使媒体能够向公众及时、有效地发布信息，及时回应社会关切，化解和减低负面舆情的破坏性影响。一旦问题事件舆情发生，涉事主体应积极面对，发挥媒体宣传的积极作用，正确引导舆情发展方向，把舆论引导到有利于问题事件解决的正确方向上来，共同促进舆情消解。

5.4 农产品质量安全舆情处置程序规范

农产品质量安全网络舆情处置即舆情管控、引导是农产品质量安全问题事件应急处置工作的重要组成部分。舆情处置实际上是在网络空间与媒体、意见领袖、网民等进行舆情博弈，目的是与媒体、网民达成沟通、和解、共识，促进网络舆情尽快回落消解，引导舆情向客观公正、有利于维护社会公共利益、国家利益的方向发展，规避或降低舆情的负面后果。舆情处置中的所有工作要

围绕这一方向去努力，尽量避免可能导致舆情高涨的任何言行。

5.4.1 农产品质量安全舆情处置的基本程序

着眼于新媒体时代农产品质量安全舆情频发和信息快速传播的趋势，有效应对农产品质量安全舆情，要从问题处置和舆情应对两个方面着手，建立起运作高效的问题处置机制和舆情应对机制。

(1) 问题处置

农产品质量安全突发性问题事件舆情发生后，在处置和引导舆情良性发展的同时，还要立即启动突发事件应急处置机制，积极处置引发舆情的问题事件。只有妥善解决了突发问题事件，才能达到“釜底抽薪”的效果，从根本上引导舆情发展的方向。有关农产品质量安全突发问题事件应急处置的相关内容，已在本书的其他章节做了重点阐述，本节不再赘述。

(2) 舆情应对

2012 年，原农业部出台的《关于进一步加强农产品质量安全监管工作的意见》对农产品质量安全舆情应对做出了具体安排，提出抓紧建立农产品质量安全舆情监测与预警信息平台，健全农产品质量安全信息定期调度、分析和综合研判制度，高度重视舆论监督的作用，密切关注公共媒体和公众对农产品质量安全问题的关切，依托执法监管体系和专家队伍及时核查舆情反映的问题。从实际角度出发，有效开展舆情应对工作主要包括以下程序。

1）组织机构。要科学高效地应对农产品质量安全网络舆情，仅靠农产品质量安全监管部门或生产企业的“临时指挥部”或“临时工作组”是不够的，必须设立专门的监测及应对处置机构和工作部门，包括舆情监测报告、舆情分析研判预警和舆情应对处置等常规部门。这些部门既相互联系、相互依存但又具有相对的独立性。一般来说，舆情应对处置部门应设在农产品质量安全监管局（处、科）、新闻（网络）宣传处（室）、生产企业等，部省地县各级各相关部门都应成立相应的监测及应对处置机构，垂直领导，分级负责，责任到人，统筹协调。

2）舆情监测。即农产品质量安全网络舆情的发现过程，确保在第一时间监测获取相关网络舆情，主动发现重要舆情苗头，准确研判网络舆情问题性质、走势、所处阶段（节点）及舆情问题事件应对的主体、客体、过程和结果，把握网络舆情问题事件发生时空、民意和社会关联诸方面，捕获网民的情绪、看法和愿望，确立研判的主要指标，提出监测分析研判结果的利用及应对建议。

3）分析会商。即对舆情监测结果进行更高层次研判的一个过程。农产品质量安全监管部门和农产品生产企业应设立舆情会商机制，组建舆情分析会商专家组织，集合监测、信息、咨询、指挥、执行等方面的负责人和专家，尤其注意引入第三方权威机构专家（如相关领域的技术专家、法律专家、危机处理专家、资深媒体人士等）和横向各系统领域人员及时开展舆情的分析会商，研究制定舆情应对处置方案。

4）发布预警。针对农产品质量安全不同性质的问题舆情，制定比较详尽的判断标准和预警方案，包括预警指标、预警等级、预警发布流程等，尽早对舆情可能产生的现实影响的走向、规模进行研判，及时向有关管理部门发出科学的预测预报。

5）舆情引导。舆情引导是指有关部门运用传播、沟通、控制等手段，对社会公众进行疏导、引领和调控的一种管理活动。其目的是使公众情绪态度平和理性、意见观点客观公正，起到统一思想行动、凝聚积极力量的作用。农产品质量安全舆情引导重点包含 3 方面内容，一是信息发布，即通过发布会、发言人、通气会、座谈会、媒体访谈、新闻通稿等形式主动回应社会关切，对重要舆情和社会热点问题要积极回应、解疑释惑；二是舆情疏解，即利用网络工具对网络舆情进行沟通引导，针对热点舆情问题事件中的利益相关各方对问题事件的评价，尤其是愤怒、指责、怀疑、猜测、反对及恐慌性、煽动性的负面网络情绪、意见、态度、愿望及行为倾向进行认真的搜集、分析、研判，积极的交流、互动、澄清、释疑等引导工作；三是专家解读，即在有关农产品质量安全的重要政策法规出台、重大突发事件，尤其是农产品质量安全谣言发生后，及时组织专家通过多种方式做好科学解读，力求让群众“听得懂”“信得过”，提高消费者的信心。

6）联动应急。一些重大涉农产品质量安全网络舆情，不仅仅涉及农产品产业链的各个环节、不同地区、不同部门，还牵涉卫生计生、食品药品监督管理等不同职能主管部门。舆情应对工作本身还涉及信息、监测、科研、宣传及媒体等部门。因而需要建立农产品质量安全网络舆情信息协调机制，实现畅通有

序的纵向沟通和横向协调，确保舆情应对处置快捷高效。此外，还应制定《农产品质量安全网络舆情联动应急预案》，建立政务信息发布和舆情处置联动机制，构建网络舆情管理部门紧密契合、逐层推进的工作流程及制度体系。当舆情达到预警级别指标之后，立即启动相应预案，实施应对措施，预防舆情扩大可能造成的破坏作用。上级农产品质量安全监管部门、舆情属地农产品质量安全监督管理部门及属地政府其他相关职能部门、舆情涉及的生产企业及合作组织，在收到舆情预警后，应根据应对预案启动相应级别的应对措施，开展切实有效的舆情应对工作。

7）善后协调。任何舆情都有一个周期性消长的过程，农产品质量安全突发事件舆情也都有其发生发展的规律。舆情进入回落期以后，为尽快恢复正常的生产生活秩序，应着手究责问责，召回赔付，修复受损的公信力，做好善后处理工作，这就必须适时启动善后协调机制。善后协调机制包括后续舆情信息跟踪、善后工作指挥协调、善后工作落实执行及监督管理等，确保有善后人员、有善后资源、有善后方案（协议），深刻总结经验教训，认真追究责任，转移公众视线，避免舆情复燃，避免类似情况再次发生。

5.4.2 农产品质量安全舆情处置的时间节点

农产品质量安全网络舆情的发生发展过程，基本可以分为舆情发生期、舆情发酵期、舆情发展期、舆情高涨期、舆情回落期和舆情反馈期 6 个阶段。舆情发生期表现为问题事件原创主帖见诸网络媒体后，网民开始有零星的反应，在有知情网民提供更多的真相材料、图片佐证之后，更多的网民、网站转帖转发、评论、跟帖讨论，逐渐成为舆情热点。随后一些传统媒体甚至国家级媒体网站出现有关报道，与网络媒体形成呼应，从而使舆情发展到发酵期。舆情发生期和舆情发酵期相隔时间有时候非常短暂，网络媒体爆料常常不到 3 个小时就出现在当天的传统媒体如早报、晚报上。此时有关方面舆情响应过慢或失当，负面舆情就会聚合成负面舆论，猜测、质疑、谣言四起，大量网民围观、拍砖、灌水，事态进一步扩大。舆情发展期则是在官方相关部门介入后，如果应对得当，负面情绪虽未完全控制但逐渐走稳，传统媒体出现调查求证报道、科普及消费指导和评论员文章，舆情提前走向回落期。如果应对失当，有关方面不能及时调查处置、问责，不及时发布有关信息，应对出现不同口径甚或失言等，矛盾再度激化，一些别有用心的人也乘机兴风作浪，舆情出现强劲反弹，舆情进入高涨期。在舆情高涨期，惊动了高层领导，“跨级”响应出台。在高层的介入下，投入实质性重大应对方案，舆情出现拐点，逐渐进入回落期。随着行政问责、司法介入和善后赔偿工作的开展，媒体报道和围观网民逐渐散去，有关方面开始总结经验教训，消除负面影响，舆情进入反馈期。

（1）舆情发生期是舆情研判的重要环节

有关农产品质量安全的问题事件见诸网络或传统媒体的第一时间是舆情分析研判的初始环节，也是最重要的环节之一。网络媒体首帖曝光和传统媒体首次报道的舆情信息一般包含有问题事件的原始细节，及时认真研究问题事件的真实性、性质及严重程度十分重要。同时，同样的素材不同水平的人说、写出来产生的传播效果是有差异的，不同媒体的传播效果也有不同，因而仔细考察首帖信息的议题构建、修辞技巧和首发媒体权重对舆情发展趋势预测具有重要的价值。舆情监测工作者应在第一时间及时监测搜集整理报告有关情况，为舆情分析应对工作提供准确可靠的基础性材料。

（2）网络意见领袖及网络平台的推介是推高网络舆情的重要变量

绝大多数的网络爆料和网民发帖、跟帖评议起初的效果并不都很理想，但经网站编辑人员、论坛版主、吧主、微博加“V”的知名博主等有一定议程设置权限的网络“意见领袖”置顶、加精华、推荐、转发、评论后，大批粉丝便趋之若鹜，使有关信息迅速蔓延，瞬间成为网民关注的热点。在网络舆情的发展过程中，意见领袖的态度和立场具有强烈的导向性，是网络舆情传播的外源性动力之一。农产品质量安全舆情监测工作人员在监测网络媒体时实时关注这些意见领袖的言行，对及时发现热点问题极为重要。

（3）传统媒体介入网络舆情是问题事件形成重大社会影响的重要节点

在网络上曝光或传统媒体报道的农产品质量安全问题事件如果没有及时有效的处置结果，往往很快就会受到网民的关注、评论及发帖、转帖传播，网民的大量围观受到具有权威性和公信力优势的传统媒体的关注跟进，传统媒体介入报道，有关信息和评议快速从虚拟空间扩散到现实社会中，舆情便开始发酵。传统媒体的报道和评论进一步激发网民的关注与讨论的热情，网络媒体和传统媒体互动炒作放大，就会给相关主体造成巨大的舆情压力，形成重大的社会影

响。传统媒体的介入在很大程度上决定舆情的走向。因此，有关农产品质量安全的问题事件报道曝光后，应尽可能抢在传统媒体介入（跟进）之前以恰当的形式给出合理的解释说明，或主动与传统媒体合作，提供真实客观的情况和资料，以便传统媒体能更全面客观开展报道，引导舆情良性发展。

（4）舆情处置主体介入的时间、态度和措施是舆情发展的重要拐点

在影响农产品质量安全舆情发展的各种因素中，问题事件涉及的生产企业、生产者及监督管理部门等舆情处置主体的介入时间、态度及处置应对措施直接关系着舆情的消长。介入时间越早，态度及处置措施越得当，网民对舆情信息的关切和需求及早得到充分的满足，舆情被扑灭在“点”，影响范围和强度受控，舆情就会提早进入回落消解期。如果舆情处置主体在舆情发生期及舆情发酵初期失语或响应过慢，或者态度和措施没能满足网民需求，甚至因虚言妄语、推诿袒护激起网民更大的情绪，舆情进入高涨期，舆情由“点”连成“线”甚至产生更大的变异，波及整个产业面及政府公信力，使整个产业和管理部门陷入四面受敌状态，政府公信力及产业灾难损失就在所难免。

5.4.3 农产品质量安全舆情处置的基本规范

（1）抢抓时效，快速出击，信息公开

农产品质量安全网络舆情监测部门要在第一时间知晓有关舆情信息，做出科学客观的研判，发出舆情预警报告，监管部门及涉事生产企业等要及时启动应急处置程序，要在第一时间发声，做突发舆情问题事件的“第一定义者”，第一时间掌控新闻集散地，避免谣言流布，防止网络媒体和传统媒体交互放大负面情绪，赢得话语权，掌握主动权。坚持“速报事实，慎报原因，既不失语，也不妄语”；“坚持信息公开、及时和透明”，第一时间把真实准确的信息全面地让媒体、公众知道，“信息公开是原则，不公开是例外。”第一时间积极回应网络舆情热点议题，必要时主动设置议题，引导媒体及公众视线，放大正面声音，及时回应网络质疑，疏导民众负面情绪，促进各方意见均衡表达，确保正能量给力。

（2）动态反应，准确判断，随机应变

网民队伍庞大，网络舆情发生发酵极为迅速，随着网络舆情的发生发展，矛盾的激化或转移，舆情瞬息万变，应准确判断舆情所处的不同发展阶段，迅速调整变换应对思路和手法。一般来说，在舆情发生初期，应全面做好网络监测、冷静分析、科学研判，弄清事实真相，明确问题所在，评估可能后果，同时在第一时间争取话语权，第一时间成为事件的“定义者”。在舆情发酵期要积极介入，防止事态扩大，统一对外口径，引入第三方媒体，及时发布信息，及时遏制流言散布，疏导猜测和质疑。在舆情发展期重在实时疏通，疏导舆论，在舆情高涨期谨防舆情应对失当引起舆情反弹，在舆情回落期则需要转移网民视线，防止舆情反弹，修复、改善形象。

（3）熟练运用网络技巧，平民化的亲和力，理性建设性应对

网络舆情源于网络，长于网络，也应该消于网络。把网络作为主场，熟练运用网络论坛、微信、微博、博客、网络发言人制度、网络问政平台等，恰到好处地使用最新网络技术，采用视频、音频、动漫、访谈及网上直播等形式，及时深入网络社区和网友直接的、平民化的交流互动，将使舆情疏导工作更加有效，践行监管部门密切联系网民的群众路线，改变官方话语体系，拉近和网民的心理距离，减少对立情绪，消民愤于无形，减轻舆情危机应对的工作压力。同时，一定要有大局意识，坚持理性和建设性，探究问题产生的原因与关键，关注消费安全和产业发展，注重对话和沟通，促进各利益相关方之间的相互理解和尊重，力争实现双赢。

（4）统一领导，分级负责，属地处置

突发问题事件发生后，有关涉事主体部门要积极响应，善于运用责任“切割”方法，坚持属地管理，分级负责，协同应对。把事件处置和舆情引导密切结合；通过舆情信息搜集研判、事件调研、听取有关主管部门的意见和建议等途径得出有关问题事件的权威信息和回应的“统一口径”；引入第三方权威媒体和第三方舆情咨询机构，缓解媒体和网民的对立性情绪；建立农产品质量安全网络舆情联动应急机制，实现监测、预警和应对处置等环节有机组合，环环相扣。

（5）以人为本，关注同情，重视民生

把人民群众的生命财产安全和利益放在第一位，善待人民群众，站在群众一边。积极诚恳地回应群众的利益诉求，关心重视民众的生命财产安全，尽量

减少群众的损失，这对及时化解突发问题事件中的负面情绪有十分重要的作用。

（6）直面问题，就事论事，用事实说话

要直接面对出现的问题，认清问题事件的性质，就事论事，用专业词说专业事，既要实事求是，也要实事求效。在应对处置农产品质量安全问题事件舆情时千万不要搞扩大化，要致力缩小舆情的负面影响范围，促进舆情的消解。

5.5　农产品质量安全舆情处置案例剖析

5.5.1　“三聚氰胺”奶粉事件

（1）事件概述

2008 年 9 月 11 日东方早报报道，9 月 8 日，位于甘肃省兰州市的中国人民解放军第一医院泌尿科接收了 1 名 8 个月大，来自甘肃岷县的患有“双肾多发性结石”和“输尿管结石”病症的婴儿。该院泌尿科首席医生介绍说，该科是在 2008 年 6 月 28 日收到第一例婴儿患“肾结石”的病例。在 3 个月时间里，陆续共有 14 名婴儿因患同样的疾病住院。据家长们反映，孩子们出生后一直都在食用河北石家庄三鹿集团生产的“三鹿”牌婴幼儿奶粉。记者了解到，10 天前湖北省同济医院小儿科也接收了 3 名患有肾病的婴儿，这 3 名分别来自河南、江西和湖北的患儿家长也反映婴儿食用的是“三鹿”牌奶粉。随后，陕西、山东、安徽、江苏等地医院出现类似患儿，甚至有数名病情严重者已经死亡，所有患儿都曾喝过三鹿奶粉。舆情在网络空间迅速传播、发酵，网民将矛头直指三鹿集团。面对突发的危机，三鹿集团有关工作人员却宣称“三鹿是奶粉行业品牌产品，有很多年的历史。目前还没有证据证明患病婴儿是因为吃了三鹿奶粉而致病。”“已经委托了甘肃当地权威质检部门对三鹿奶粉进行了检验，结果显示质量是合格的。”三鹿集团选择了敷衍、推诿、回避，导致舆情高涨，网民的愤怒和质疑声浪一浪高过一浪，强烈呼吁政府出面干预。

（2）政府跨级响应

2008 年 9 月 13 日，国务院新闻办公室举行新闻发布会，宣布立即启动国家重大食品安全事故Ⅰ级（最高级别）响应，成立由原卫生部牵头、原国家质检总局等有关部门和地方参加的应急处置领导小组，对三鹿婴幼儿奶粉生产和奶牛养殖、原料奶收购、乳品加工等各环节开展紧急检查。

（3）原因公布

原国家质检总局对三鹿婴幼儿奶粉实施紧急专项质量检测之后，旋即在原国家质检总局官方网站和全国媒体上公布了阶段性检测结果，发现多批次三鹿婴幼儿奶粉含有非法添加物质“三聚氰胺”。与此同时，有原卫生部牵头的联合调查组公布了调查结果和产生原因，调查结果与早前原国家质检总局的检测结果一致。2007年9月至10月，原料奶市场价格上涨，三鹿集团不愿提高原料奶收购价格，纵容一些奶牛养殖场在原料奶中加水但要保证原料奶蛋白质含量，供奶户便悄悄往原料奶中加入化学物质“三聚氰胺”从而提高蛋白质含量。“三聚氰胺”是一种低毒化工产品，婴幼儿大量摄入会引起泌尿系统病变，导致肾功能衰竭甚至死亡。消息见诸媒体，网络舆情达到一个新的高峰，网民纷纷要求严惩肇事者。

（4）政府问责

调查结果公布后，河北省公安机关迅速决定对三鹿集团董事长、总经理刑拘；罢免石家庄市分管农业的副市长职务，并将严肃处理所有相关责任人；下令三鹿集团立即全部召回相关批次的三鹿婴幼儿奶粉产品；原卫生部也提醒公众立即停止食用被宣布召回的相关批次产品，已食用该奶粉的婴幼儿尽快送医。2008年12月下旬，三鹿集团这家曾经的中国奶业龙头企业宣布破产。2009年1月下旬，“三鹿问题奶粉系列”刑事案件中的多名被告获刑，其中原三鹿集团董事长以产销伪劣产品罪获无期徒刑并处罚金两千多万元，三鹿集团股份有限公司犯产销伪劣产品罪被判罚金近五千万元，其他10余名产销三聚氰胺或含三聚氰胺的罪犯分获死缓或有期徒刑。

（5）善后处置

政府追责之后，三鹿奶粉事件网络舆情进入回落阶段。但此时有家长在网上新爆料称自家孩子并没有食用三鹿奶粉，而是食用的其他品牌奶粉，但也患上了肾结石。原国家质检总局在全国紧急开展了婴幼儿配方奶粉质量专项检查行动，随后宣布包括三鹿集团在内的全国有20余家婴幼儿奶粉生产企业的近70

批次奶粉检出“三聚氰胺”，涉及国内、国际多个品牌，受害人数激增。截至2008年9月21日，全国各地报告临床诊断患儿近13000人，其中重症患儿104人，死亡3人。据此，中央迅速布置力量，全面开展奶粉市场的治理整顿，督促有关部门建立健全食品安全和质量监管机制，切实保证公众消费安全；原国家质检总局宣布停止全国所有食品类生产企业获得的国家免检产品资格，立即采取相应的质量安全监管措施。2009年2月，人力资源社会保障部、原卫生部、原保监会办公厅联合发出通知，落实因食用含三聚氰胺婴幼儿配方奶粉的患儿的治疗、保险等问题。至此，“三聚氰胺”奶粉事件舆情基本结束。

（6）应对点评

“三聚氰胺”奶粉事件应该说是近年来重大的食品质量安全问题事件，虽然奶粉属于食品范畴，但事涉生鲜乳收购环节，所以舆情发展到后来出现了分叉，与农产品质量安全有了牵连。总体上看，本次舆情事件采取的一系列应对措施得力精准，追责迅速，善后处置妥当，舆情很快被终结，经验值得总结借鉴。

5.5.2　“药袋苹果”事件

（1）事件概述

2012年6月11日新京报发表了题为“红富士苹果裹农药袋长成”的报道称，一种小作坊生产、无任何标志的药袋被当地果农大量使用。这种药袋将包裹幼果直到成熟，白色药末直接与苹果接触。这组通版报道还配发了记者的调查路线图以及暗访画面，称“走访栖霞、招远的十几个村庄的五六十个果园，均发现大量使用农药袋套苹果”。此报道一出，顿时激起舆论狂澜，围绕食品安全的讨论持续不断。“药袋苹果”事件在11日被新京报曝光，首日媒体报道量就达到近600篇，事发当日，“药袋苹果”已经进入百度新闻热搜词排行榜第五位，且开始出现以“药袋苹果”为关键词的媒体评论，包括以新浪为代表的商业门户网站，以及新华网等官方门户网站，都在头条区进行了推荐，即时通信工具腾讯QQ当日的弹窗新闻也进行了展示，而新浪微博中头条新闻等账号的大量转发，使得相关信息短短8个小时即攀升至23万条。舆论关注度呈现出高位上升态势，基本上覆盖了活跃网民。6月13日，21世纪经济报道记者进行了独立的调查，记者称“没有发现药袋存在”。这也是第一家省外媒体对此进行独立调查。全国各地的平面媒体大多以“未发现药袋苹果”为烟台苹果进行了“背书”。烟台水母网、山东大众网，利用地域优势，采用图片等形式，进一步澄清套袋苹果的真实情况。

（2）地方回应及专家解读

2012年6月12日，当地政府通过官方网络媒体进行了第一次回应，并且于当日下午进行了首场，也是唯一一场新闻发布会。其间，多名烟台本地媒体从业者在新浪微博等平台进行了强烈的反击，内容从媒体责任到公关黑幕。“药袋套苹果之争”出现在新浪微博的热点话题第二位。6月13日，新华网新华视点栏目推出对中国工程院院士束怀瑞、烟台农业局局长梁传松的专访，文中引用了专家说法，解答了民众关心的套袋技术安全性、农药安全性等相关技术问题，打消民众的恐慌。6月14日，烟台苹果的重要产区栖霞市市长陈兆宽称，经过排查，确实有极个别果农使用了药物果袋，目前栖霞全市苹果种植面积70万亩，只有约30亩地使用了药物果袋，栖霞市立即采取措施对这些套袋进行置换。

（3）舆情流变

2012年6月14日之后的几天里，许多地方媒体都报道了所在地苹果的农药残留检测情况，未发现有不合格的烟台苹果出现在市场上。与此同时，山东地方媒体以及互联网平台中出现了指责新京报误导舆论、罔顾媒体社会责任的报道。6月16日，人民网发表了“烟台苹果真相调查”为烟台苹果正名，指出套袋“套”出好苹果，退菌特和福美胂合理使用并非违禁，“药袋”乃个别现象，比例微乎其微。

（4）政府响应

2012年6月20日，原农业部派出专家小组到烟台地区，对当地苹果树使用药袋的情况进行调查。专家小组通过调查了解后指出，根据目前的调查情况看，套袋在山东烟台普及率很高，达到95%以上，药袋使用有，但是比例非常低。对于使用药袋是否有危害，因为是时离苹果成熟季节尚早，苹果还小，即使是药袋能沾上一点，经过到采收还有这么长的时间，应该没有什么大的问题。农业部调查组也委托国家级检测中心之一的河南郑州果品检测中心对烟台市冷风

库中储存的苹果抽样进行了专项应急检测。烟台市农业局也在上海、北京、广州、深圳、武汉等烟台苹果主要销售地区委托当地有资质的检测单位、检测机构对市场上销售的烟台苹果进行了检测。农业部专家小组对烟台当地冷库和批发市场以及北京、上海等 11 个城市的超市、批发市场进行了随机抽样。根据检测结果来看，全部都符合国家新的限量标准要求，没有超量样品。

（5）舆情终结

2012 年 7 月 7 日晚，在经过跟踪调查后，央视“真相调查”栏目再次为烟台苹果“正名”。报道表示，到目前为止，各级监测和风险评估都已完成，没有发现任何农残超标的苹果。至此，一场历时近 1 个月的“药袋苹果”风波终于趋于平息。

（6）应对点评

在“药袋苹果”风波中，由于地方政府认为苹果套袋是一项正常的生产技术而对舆情未加以足够的重视，在新京报报道之后的 24h 内，当地政府并未采取任何应对措施，从而错过了应对的黄金时间，互联网平台上充满了各种质疑、不解的声音。在接下来的几天内，包括时任烟台农业局局长梁传松、栖霞市市长陈兆宽等在内的地方官员相继在接受媒体采访时表态，力挺烟台苹果的安全性。但他们的声音，已经淹没在了公众对这一事件的口诛笔伐当中。事件对于烟台苹果销售、价格都造成了负面影响。由于现在一些媒体求关注的心态，加之一些媒体记者、网民对农产品安全生产的科学技术知识缺乏，错误报道甚至制造谣言的情况时有发生。舆情一旦产生，就应该在“黄金 4 小时”内积极回应，及时终结舆情，以免以讹传讹，影响消费者的信心，避免对产业发展带来破坏性的严重后果。

5.5.3　“草莓农残超标致癌”事件

（1）事件概述

2015 年 4 月 25 日晚，中央电视台财经频道《是真的吗》节目播出一组有关北京草莓的报道称，该栏目组记者随机在北京购买的 8 份草莓均检测出含有百菌清和乙草胺两种农药，前者含量符合国家标准，后者在国家的草莓残留物标准中并无登记，但相比欧盟标准，有的草莓超标 7 倍。据介绍，美国已把乙草胺列为 B2 类致癌物，如长期食用乙草胺残留的食物，可能会导致乙草胺的代谢物中毒，有致癌性。节目播出后，立即引发舆论的强烈关注，相关报道、评论在微信、微博疯狂转发，“致癌”草莓让民怨沸腾不已，北京乃至全国的草莓被推到了舆论的风口浪尖，农药残留更是众家批判的对象，民众在关注的同时，也形成了心理恐慌并迅速蔓延。

（2）专家解读

“草莓农残超标致癌”舆情引发了相关行业诸多专家的关注。专家们在仔细研究报道内容后，分别通过不同媒体渠道向社会发声，指出了央视报道中存在的疑点和漏洞，向社会传递了农产品质量安全科普知识。第一，乙草胺不可能用于草莓。报道称在草莓样品中检出了未经登记的农药乙草胺，但各地多位专家均表示，从草莓的标准种植过程来看，使用乙草胺并导致其残留超标的可能性很低。第二，检测机构不具农残检测资质。报道中负责检测样品草莓的北京市农学院并不具备国家认定的农药残留检测资质，检测结果并不具有法律效应。第三，残留值未超安全范围。报道称此次共检出百菌清和乙草胺两种农药残留，前者的残留情况完全符合我国相关规定。农业部农产品质量安全中心相关负责人认为，草莓使用乙草胺是个例，报道中提到的欧盟残留标准（0.05mg/kg）是一律标准，但这个标准不是经过风险评估计算出来的安全技术标准，实际上起到的是贸易壁垒作用。参考乙草胺在其他类似水果上的标准，与检测值 0.367mg/kg 比较，也能在一定程度上说明安全性。第四，报道缺乏对 B2 类致癌物质风险的说明。首都医科大学附属北京朝阳医院职业病与中毒医学科主任医师郝凤桐认为，报道称乙草胺为 B2 类致癌物质，有致癌风险的说法不准确。

（3）官方应对

针对新闻报道中提及的情况，北京市农业局迅速组织有关单位对相关报道内容进行会商研讨，在日常监管和检测工作的基础上，针对该节目反映的问题，迅速采取措施，努力将事件的影响降至最低。2015 年 4 月 27 日，北京市农业局通过媒体渠道回应了央视报道。北京市农业局相关负责人表示，目前北京地区的草莓多是温室大棚种植，草莓种植园区多采用绿色防控的生物除虫技术，很少使用农药。北京市农业局决定自 4 月 27 日起在全市范围内启动草莓生产使用农药情况专项检查，重点检查违法违规使用禁限用农药以及不严格执行安全间

隔期等行为。北京市农业局相关负责人表示，针对曝光的情况，已成立调查组赴北京草莓主产区昌平区进行调查。即日起在全市范围内启动草莓生产过程中农药使用情况专项检查，重点检查违法违规使用禁限用农药以及不严格执行安全间隔期等行为。同时，北京还将进一步加大对本市自产草莓产品质量安全检验检测的力度，一旦发现不合格产品将严禁上市。4 月 27 日，北京市农业局成立专项调查组，赴北京市草莓主产区昌平区开展相关情况调查。28 日，北京市农业局赴昌平区多个草莓大棚，抽取 10 多斤草莓样品送到中国农业大学等几家农业部农产品质量监督检验测试中心检测。4 月 30 日，北京市食品药品安全委员会发布消息，在北京市开展的全范围抽检中，抽取的 175 个样本均未检出乙草胺。伴随着 27 日北京市及相关地区农业部门对事件的积极处置与应对，网民对相关舆情的关注热度出现显著下降趋势，网民逐渐回归理性，“正能量”评论比例显著增加。农民日报 2015 年 5 月 1 日发表题为“‘草莓农残超标致癌’，是真的吗?”的报道，指出草莓是多年生草本植物，生产者在草莓上使用乙草胺的可能性非常小；8 份样品中均检出“乙草胺”超标，检测结果不“靠谱”。人民日报 5 月 2 日发表了题为“‘吃草莓致癌’说不靠谱”的求证报道，指出“因吃草莓而摄入过量乙草胺致癌”结论不靠谱。随着北京市农业部门对事件处置应对措施的相继出台和相关行业专家的及时科普宣传，真相逐渐揭开，网民对本次事件的负面情绪逐渐缓和，对事件的认识也更加客观理性。相当一部分网友从对事件的单纯抨击，转向对我国农业生产标准和农产品质量安全应急监管对策讨论。

（4）应对点评

“草莓农残超标致癌”舆情事件是媒体人缺乏农产品安全生产知识摆出的又一次“乌龙”。但因“曝光”媒体影响力巨大，虽然“草莓乙草胺残留超标”后被权威检测结果和业内专家否定，但由于之前“草莓残留农残超标致癌”的报道流传甚广，各地对草莓的恐慌迅速传导到主产区，迅速导致山东、北京、东北等全国各地草莓滞销，种植户和经营户损失严重，草莓种植户可能亏损数十亿元。针对这次舆情事件，各级各部门应对及时，措施到位，在 10 余天时间内舆情便基本消解。但此次舆情事件也凸显农产品质量安全生产科普宣传的重要性。加强科普宣传，提高媒体人及网民的农业科技素养，是提前化解、应对此类舆情问题事件的关键。

5.5.4 “速生鸡”事件

（1）事件概述

2012年11月23日，中国经济网报道“雏鸡到成品鸡只需要45天，高温封闭饲养，饲料由为肯德基、麦当劳及诸多大型超市提供原料的山西粟海集团有限公司特制统一配送”“肉鸡用饲料和药喂养，饲料能毒死苍蝇”等，“速成鸡”安全问题迅即成为广大网民、消费者极度关注、热议的舆情事件。中央电视台于2012年12月18日在“朝闻天下”节目中曝光了山东一些养鸡场违规使用抗生素和激素来养殖肉鸡，并提供给肯德基、麦当劳等快餐企业的新闻。报道称，央视记者经过对山东青岛、潍坊、临沂、枣庄等地长达1年的调查之后发现，为了减少鸡的正常死亡率及使肉鸡能够快速生长，一些养殖户违规使用了金刚烷胺等抗病毒药品。同时，地塞米松等激素类药品也成为催生肉鸡生长的“秘密武器”。2012年12月19日中午中央电视台的“新闻30分”报道称，此前央视曝光的山东问题“速生鸡”进入百盛上海物流中心、被配送到了肯德基门店，记者发现，肯德基从山东六和集团有限公司进的8万t鸡类产品实际上已经销售一空了，而药监部门抽取的样品并非山东六和集团有限公司的鸡类产品。至此，“速生鸡”话题被彻底点燃，在社会上引起不小的震荡。事件诱发了网民对家禽类产品使用激素、抗生素问题的过度担忧，进而引发舆情连锁反应。2013年1月，该事件入选由人民日报社《健康时报》发起，全国百余家综合媒体健康版和健康卫生专业类媒体的负责人、资深记者共同评选的“2012中国十大健康新闻”。

（2）专家解读

针对媒体报道的“速生鸡”事件，原农业部畜牧业司相关负责人在接受《中国科学报》记者采访时，直接否定了“速生”的叫法。时任国家首席兽医师于康震说，“‘速生’得益于科技的进步。”在我国，这所谓“速生鸡”于20世纪80年代被引进并端上人们餐桌，与美国等其他国家在白羽肉鸡的出栏时间控制方面要求是基本一致的。也就是说，肉鸡40多天出栏，在世界上属于正常水平。长期从事鸡新城疫、禽流感等重大动物疫病快速检测技术研究的中国工程院院士张改平表示，“速生鸡”本身就可以长得这么快。张改平认为，“速

生鸡”的叫法，反映了消费者对食品安全的恐慌心理。不过，高速生长的肉鸡，由于其肌肉水分含量较高、肌肉脂肪含量低，口味可能不如其他鸡种。不过，有专家指出，味道好并不代表营养更丰富。张改平说，如果正常饲养，未添加不该加的东西，鸡肉是可放心食用的，不会因为其生长周期短就对人体造成伤害。据悉，2011 年 6 月，针对“肉鸡是不是在饲养过程中使用了生长激素”的质疑，中国畜牧业协会委托中国检验检疫科学研究院进行了检测。北京、上海、广州 3 地的检测结果显示，鸡肉中未检出任何激素。专家表示，在肉鸡饲料中添加激素并非如许多人想象的那样是行业常规，而是一种不折不扣的违法行为。我国《饲料和饲料添加剂管理条例》和《兽药管理条例》都明文规定禁止在饲料和动物饮用水中添加激素类药品。许多实验结果也显示，添加乙烯雌酚等激素物质并不能对鸡产生催熟效果，反而会对鸡的心血管、肝脏等器官产生副作用，甚至导致鸡的死亡。然而，在畜禽饲养过程中使用抗生素则是行业普遍现象。由于目前高密度的养殖模式使得肉鸡难以运动，所以其抵抗力较低，容易患上疾病。养殖户使用抗生素就是为防治疫病。但是，原农业部有严格规定，在鸡出栏前，至少 1 周以上不得使用任何抗生素；有些抗生素还必须停用半个月以上。只要养殖户按照规定养殖，鸡肉就不会对人体产生不良影响。

（3）地方应对

2012 年 11 月 26 日，粟海集团发表声明坚称，公司产品质量不存在问题；当地畜牧主管部门对粟海集团饲料生产、肉鸡养殖和屠宰环节均有监督和抽查，2012 年抽检结果均合格。2012 年 11 月 27 日，山西省省长、副省长做出批示，并派出以省畜牧局局长为组长的工作组。运城市政府和永济市政府也成立工作组，进入企业核实情况并送检了部分鸡肉产品，检测结果均符合原农业部第 235 号公告关于动物性食品中兽药最高残留限量标准的规定。2012 年 11 月 28 日，山西省政府召开电视电话会议，决定在全省开展饲料兽药质量安全专项整治“回头看”，进一步加强饲料兽药质量安全监管。肯德基方面于 2012 年 11 月 29 日在其官方微博发文声明，不希望没有科学事实依据的片面信息造成的恐慌或质疑情绪困扰大家。

（4）官方响应

2012 年 12 月 18 日、19 日央视相继报道并追踪“速生鸡”问题之后，部省地县及相关企业都在第一时间做出反应。

1）农业部于2012年12月18日在第一时间迅速发声表示，已经立即责成山东省相关部门迅速查处，并已派出专家组前往山东调查。农业部再次强调，禁止人用药品用于养殖业生产、禁止在饲料和动物饮用水中添加激素类药品和国务院兽医主管部门规定的其他禁用药品、禁止销售含有违禁药物或者兽药残留量超过标准的食用动物产品，并要求各地畜牧兽医部门要切实按照《兽药管理条例》规定，进一步强化养殖环节兽药使用监管，并将对超剂量、超范围使用兽药、不执行休药期制度的行为进行严厉打击，确保畜产品质量安全。

2）上海市食安办表示，已经关注到"速生鸡"流入百胜餐饮集团上海物流中心专供上海肯德基麦当劳的相关报道，高度重视此事，并且已经着手对相关事实进行调查核实，必要时将对涉事企业的相关产品进行食品安全抽查。

3）山东省多部门对此高度重视，立即组织有关人员深入曝光企业依法进行调查核实。据悉，18日上午，山东省畜牧局立即召开专题会议，成立处置领导小组，并组成4个督查组，于18日上午11时分赴相关市、县，进行现场督导；有关市、县立即行动，组织畜牧兽医、公安等部门深入曝光企业依法进行调查核实；山东省委、省政府领导迅速做出明确指示，要求有关市、县和部门迅速组织调查核实，依法严肃予以处理，及时回应社会关切；同时要求举一反三，进一步加强畜禽养殖行业的监管，严厉打击非法添加、滥用兽药等违法行为，严防类似事件再次发生。

（5）善后处置

2012年12月27日，上海市食药监局相关负责人表示，现已初步查清百胜集团两年多来瞒报的8个批次不合格鸡肉产品的流向，其中有7个批次均流向外地百胜集团下属门店。12月28日，针对此次报道中反映出的企业管理不规范、责任落实不到位的问题，已责成山东六和、山东盈泰两家企业以此次事件为教训，深刻反思，认真整改，加强管理，搞好自检，切实承担起质量安全第一责任人义务，确保企业产品质量安全。同时，各市对违规用药的养殖场依法给予了处罚，对在调查工作中发现的负有领导责任及有关人员依规依纪给予处理。下步工作中将认真吸取教训，举一反三，在全省范围内继续开展畜禽产品质量安全专项整治，加大包括白羽肉鸡在内的畜禽产品质量安全抽检力度，进一步强化监管，认真落实各项措施，严厉打击各种违法行为，着力保障畜禽产品质量安全。针对近日有媒体报道六和集团鸡类产品滥用抗生素一事，六和集

团 28 日晚间发表声明，承认下属平度冷藏厂对原料质量把关不严、存在违规帮农户填写养殖记录等收购环节管理缺陷问题，并向广大消费者以及社会各界表达深深的歉意。2013 年 1 月 25 日，上海市食安办、上海市食药监局对媒体透露，“速生鸡”事件中，对监督抽检查实的鸡肉原料兽药残留超标问题，上海市食药监局已予以立案，由于违法喂饲导致食品原料兽药残留超标问题发生在饲养环节，根据《农产品质量安全法》等相关法规，将案件移送供应商所在地的监管部门查处。对企业个别台账没有如实记录问题，上海市食药监局也已立案。

（6）舆情终结

2012 年 12 月底，随着上海、山东等地针对本次事件的调查结果和对应的整改方案相继出炉，“速生鸡”问题舆情进入回落反馈阶段，媒体报道和围观网友逐渐散去，舆情热度整体上趋于平息。然而，从山西粟海集团被曝光 45 天“速生鸡”所喂饲料“能毒死苍蝇”，到央视曝光山东六和、盈泰养殖户滥用禁药近期媒体的连续曝光，迅速将“速生鸡”风波发酵成波及整个白羽肉鸡产业链的灾难。一时间白羽肉鸡及加工产品价格下滑，销量下降，部分养殖户损失惨重。

（7）应对点评

“速生鸡”问题更多是因为媒体及网民不了解畜禽养殖新品种、新技术及现代畜禽生产方式，也不排除个别养殖户、生产商违规用药。白羽鸡长得快主要由育种、饲料和环境条件决定。我国禁止人用药品用于养殖业生产、禁止在饲料和动物饮用水中添加激素类药品和其他禁用药品、禁止销售含有违禁药物或者兽药残留超过标准的食用动物产品。本次事件在 2012 年 11 月底最先曝光网络，当年 12 月 18 日、19 日央视相继报道并追踪“速生鸡”问题之后，部、省、地县及相关企业都在第一时间做出反应，尤其是农业部在第一时间发声，立即责成山东省相关部门迅速查处，并派出专家组前往山东调查，及时回应社会关切，得到了广大网民的肯定，对舆情事态的良性发展起到了积极的引导作用。

本章主要参考文献

［1］李祥洲．农产品质量安全舆情监测分析概论［M］．北京：中国农业出

版社，2016.

[2] 王凤皎．网络媒体在风险沟通中的应用——以新浪微博“微访谈”为例［M］．新媒体与社会（第三辑）．北京：社会科学文献出版社，2012：143-155.

[3] 李祥洲．我国食用农产品质量安全网络舆情风险分析的内涵和外延［J］．农产品质量与安全，2017（5）：3-7.

[4] 李祥洲．我国农产品质量安全问题治理对策探讨［J］．中国食物与营养，2017（1）：12-16.

[5] 蔡新丰．新媒体的传播模型及本质［J］．新闻知识，2016（10）：3-6.

[6] 李祥洲．农产品质量安全十大关系的思考［J］．农产品质量与安全，2016（4）：3-8.

[7] 邓玉，李祥洲，廉亚丽，等．我国食用农产品质量安全网络舆情热点研究［J］．中国食物与营养，2016（3）：5-9.

[8] 李祥洲，邓玉，廉亚丽，等．我国食用农产品质量安全舆情隐患分析［J］．食品科学技术学报，2016（2）：76-82.

[9] 陈本晶，宋卫国，沈源源，等．我国农产品质量安全信息体系构建研究［J］．农产品质量与安全，2016（2）：70-75.

[10] 杨晓霞，廖家富，柴勇，等．产地农产品质量安全信息体系构建探讨——以重庆市为例［J］．中国食物与营养，2015（7）：13-17.

[11] 李祥洲，邓玉．食用农产品质量安全问题的国民心态分析——以北京市“草莓农残超标致癌”舆情事件为例［J］．中国食物与营养，2015（6）：5-9.

[12] 李祥洲，邓玉．农产品质量安全信息资源管理与利用探讨［J］．农产品质量与安全，2015（2）：17-20.

[13] 李祥洲，廉亚丽，戚亚梅，等．农产品质量安全网络舆情风险隐患研究［J］．农产品质量与安全，2014（4）：56-61.

[14] 李祥洲，郭林宇，戚亚梅，等．农产品质量安全网络舆情形成原因及发展路径分析［J］．农产品质量与安全，2013（5）：9-12.

[15] 李祥洲，郭林宇，戚亚梅，等．农产品质量安全网络舆情分析研判探讨［J］．中国食物与营养，2013（5）：5-9.

[16] 李祥洲，戚亚梅，郭林宇，等．农产品质量安全网络舆情信息源研究［J］. 农产品质量与安全，2013 (3)：15-19.

[17] 戚亚梅，李祥洲，郭林宇，等．食品质量安全国际舆论与中国的应对措施［J］. 世界农业，2013 (2)：3-6.

[18] 郭林宇，戚亚梅，李艳，等．农产品质量安全网络舆情监控体制机制研究［J］. 食品科学，2013 (3)：312-316.

[19] 郭林宇，戚亚梅，李艳，等．农产品质量安全网络舆情监测工作的几点思考［J］. 中国食物与营养，2012 (12)：5-7.

[20] 李祥洲，郭林宇，戚亚梅，等．农产品质量安全网络舆情监测探讨［J］. 农产品质量与安全，2012 (5)：17-21.

[21] 郭林宇，李祥洲，戚亚梅．农产品质量安全信息监测与管理研究［J］. 农产品质量与安全，2011 (5)：53-56.

[22] 马志红．食品安全中媒体的监督作用［J］. 消费导刊，2010 (8)：325.

[23] 詹庆云．新媒体时代中信息传播模式的影响［J］. 图书馆杂志，2009 (7)：20-21.

[24] 戚亚梅，李祥洲，郭林宇，等．国外农产品安全管理信息体系建设及运用研究［J］. 世界农业，2009 (5)：10-13.

[25] 李祥洲，戚亚梅，郭林宇．农产品质量安全信息服务体系探讨［J］. 标准科学，2009 (4)：51-54.

[26] 李祥洲，郭林宇，戚亚梅．农产品质量安全信息体系建设探析［J］. 农产品质量与安全，2009 (1)：43-46.

[27] 冯锐，金婧，FengRui，等．论新媒体时代的泛在传播特征［J］. 新闻界，2007 (4)：27-28.

[28] 李祥洲．应对食品安全问题需要健康国民心态［N］. 光明日报，2015-06-01 (011) .

第6章 农产品质量安全突发事件应急处置

本章主要结合案例分析，从实操层面逐步阐述农产品质量安全突发事件应急处置的事发应对、事中处置和善后恢复等全环节基本操作要求，为农产品质量安全应急管理提供借鉴参考。

6.1 事件判断

疑似农产品质量安全公共事件发生后，首先要对事件的性质做出基本的判断，判断为农产品质量安全突发事件的前提是因可食用农产品引起。具备以下任一条件的，可直接认定为农产品质量安全事件：

1）因食用农产品而造成的人员健康损害或伤亡；

2）较高级别国家机关发布的消息；

3）具有资质的检测机构的检测结果；

4）国家级和省级媒体的披露。

（1）以欧洲“毒鸡蛋”事件为例

2017年7月30日，荷兰食品与消费品安全管理局宣布，涉嫌生产“毒鸡蛋”的180家农场已全部关停待检。31日起，检查结果滚动公布。8月3日公布了这180家农场的检查结果，其中147家农场的鸡蛋含有杀虫剂氟虫腈成分。欧盟法律规定，氟虫腈不得用于人类食品产业链的畜禽养殖过程，每千克食品中的氟虫腈残留不能超过0.005mg。欧盟委员会随即展开调查，至8月12日，受到氟虫腈污染的“毒鸡蛋”已经流入欧洲16个国家即比利时、荷兰、德国、法国、瑞典、英国、奥地利、爱尔兰、意大利、卢森堡、波兰、罗马尼亚、斯洛伐克、斯洛文尼亚、丹麦和瑞典，以及中国香港。根据荷兰国家机关和欧盟委员会发布的消息、公布的结果，且鸡蛋为初级农产品，直接判定此事件为典

型的农产品质量安全事件。

（2）以海南豇豆农残超标事件为例

武汉市农业局 2010 年 2 月 6 日给海南省农业厅发出协查函，通报 2010 年 1 月至 2 月初，武汉市农检中心检测出豇豆水胺硫磷（蔬菜上禁用农药）超标，产品疑似来自海南省陵水县英州镇、三亚市崖城镇。海南省农业厅在接到武汉市农业局的豇豆农药超标协查函后，立即派出工作组深入豇豆产地调查。随后《武汉晚报》《楚天都市报》等新闻媒体进行了报道。随着舆情升级，农业厅启动应急响应并成立以厅长为组长的豇豆质量领导小组，积极应对处置。此事件中，豇豆是初级农产品，由具备相应资质的武汉市农检中心检测出农药残留超标。副省级城市政府职能部门武汉市农业局发布通报，该单位为，发布的消息能作为判断依据，因此判定此事件为农产品质量安全事件。

（3）以河南"健美猪"事件为例

中央电视台在 2011 年 3 月 15 日"3·15"特别节目披露了"健美猪"真相。记者在南京市建邺区迎宾菜市场调查一种瘦肉型猪特别畅销，便溯源到河南省孟州市，发现各养猪场都在养殖这种体形较好的"健美猪"，这些猪和记者之前在南京市看到的一样，都是拱背收腹，屁股浑圆，肌肉结实。通过深入调查，部分养殖户透露，在饲料中添加了"瘦肉精"即盐酸克仑特罗，猪吃后瘦肉率高，体形好。记者继续调查发现，在河南省孟州市、沁阳市、温县和获嘉县，生猪养殖环节违禁使用"瘦肉精"已成了一个公开的秘密。而且这种猪不仅销向外省，还流入了河南省济源市双汇食品有限公司，公司每天宰杀量 5000 头至 6000 头。《焦点访谈》《新闻 1+1》等栏目进行了跟踪报道。生猪养殖和屠宰环节均由农业部门监管，此事件由国家级权威媒体中央电视台报道，真实可信，因此由此可判断"健美猪"事件为农产品质量安全事件。

不能直接认定农产品质量安全事件，需经进一步调查检测的情形有：

1）农产品生产、存储、运输环境经调查确被污染的；

2）经调查后对疑似诱发因子检验检测或试验后确定的。

插文 6-1 两起事件不能立即判断是否为农产品质量安全事件，需要进一步调查或检测才能判定是否为农产品质量安全事件。通过调查检测判断，第一起事件是农产品质量安全事件，第二起事件中病毒非源于大米、肉类、蔬菜等初级农产品，而属于人类活动传播，所以不是农产品质量安全事件，是突发公共卫生事件。

插文 6-1　案例例举

案例 1：广东省某中学集体食物中毒事件

1993 年 12 月 10 日，广东省某市某中学发生一起 313 人集体食物中毒事件，经对进餐全过程进行调查，吃召菜的学生中毒症状较重。召菜为学校食堂早上在菜市场一菜农处购买。溯源调查该菜农，该菜农承认在 9 天前对上市的召菜喷洒过甲胺磷和杀虫双农药。对同批次剩余召菜送广东省食品卫生监督检验所检测，召菜甲胺磷含量为 19.4mg/kg，观察临床症状，确认为食用蔬菜甲胺磷中毒。

案例 2：湖北省某中学多名学生食物中毒事件

2017 年 2 月 15 日，湖北省某市某中学发生多名学生疑似食物中毒事件，58 名学生被送往医院就治。湖北省疾控中心检测了 4 份食堂工作人员大便样本，其中 2 份诺如病毒呈阳性，检测了 29 份患者样本，14 份诺如病毒呈阳性，且与食堂工作人员病毒型别相同。综合现场流行病学调查，经医学诊断与实验室检验确定事由，两名感染诺如病毒的厨师经过食品或餐具传播给了在食堂就餐的学生所致。可以判定为一起学校诺如病毒暴发疫情。

疑似农产品质量安全事件发生后，先判断其性质后，相应部门才能启动应对处置程序，如属于公共卫生事件，则由卫生部门为主应对处置；如属于加工食品或深加工农产品质量安全事件，则由食品药品监管部门为主应对处置；如属于农产品质量安全事件，则由农业部门启动应对处置。无论何种事件发生，各部门均应协调配合，加强工作衔接，积极应对处置。

6.2　及时报告

农产品质量安全突发事件的事发单位或个人，首先掌握农产品质量安全有关信息的单位和个人应按要求及时报告。便于上级政府和有关部门迅速开展处置工作，见插文 6-2。

插文 6-2　案例例举

案例 1：湖北省某中学疑似食物中毒事件迟报受批评

2017 年 2 月 15 日下午 4 时 30 分，湖北省某市某管理区中学多名学生出现疑似食物中毒事件后，该管理区党委办公室当晚 7 时 20 分才向市委总值班室电话汇报，市教育局办公室当天晚上 10 时才以书面材料向市委总值班室报送情况。事后，市委办公室对该区党委办公室和市教育局办公室因报告不及时予以全市通报批评。

案例 2：海南豇豆农残超标事件及时报告

武汉市农业局 2010 年 2 月 6 日给海南省农业厅发出协查函，通报 2010 年 1 月—2 月初，武汉市农检中心检测出豇豆水胺硫磷（蔬菜上禁用农药）超标，产品疑似来自海南省陵水县英州镇、三亚市崖城镇。随后《武汉晚报》《楚天都市报》等新闻媒体进行了报道。海南省农业厅在接到武汉市农业局的豇豆农药超标协查函后，随着舆情升级，及时向海南省人民政府和农业部进行报告。

6.3　处置流程与级别核定

农产品质量安全突发事件的应急响应级别核定是突发事件处置的前置条件，直接影响事态发展和处置效果。事件发生地上一级农业行政主管部门应当会同发生地人民政府和相关部门核定事件级别。Ⅰ级事件发生后，根据要求和工作需要，由农业部统一领导和指挥事件应急处置工作。Ⅱ级、Ⅲ级、Ⅳ级事件发生后，省、市（地）、县级农业主管部门在地方政府领导下，组织开展应急处置。具体响应流程如下：

1）Ⅰ级响应：农业部向国家食品安全事故应急处置指挥部报告，启动Ⅰ级响应，在国务院的统一领导下，开展处置工作。

2）Ⅱ级响应：省（直辖市、自治区）级农业行政主管部门，向省级人民政府报告，由省级人民政府统一指挥协调各单位和部门、农业部门总体负责进行处置。

3）Ⅲ级响应：市（地）级农业行政主管部门向市（地）级人民政府报告，由市（地）级人民政府统一指挥协调各单位和部门、农业部门总体负责进行处置。

4）Ⅳ级响应：县级农业行政主管部门向县级人民政府报告，由县级人民政府统一指挥协调各单位和部门，农业部门总体负责进行处置。

各级事件得到控制后，应组织相应专家进行分析论证，终止应急响应，开展善后工作，进行事件评估和工作总结（图 6-1）。

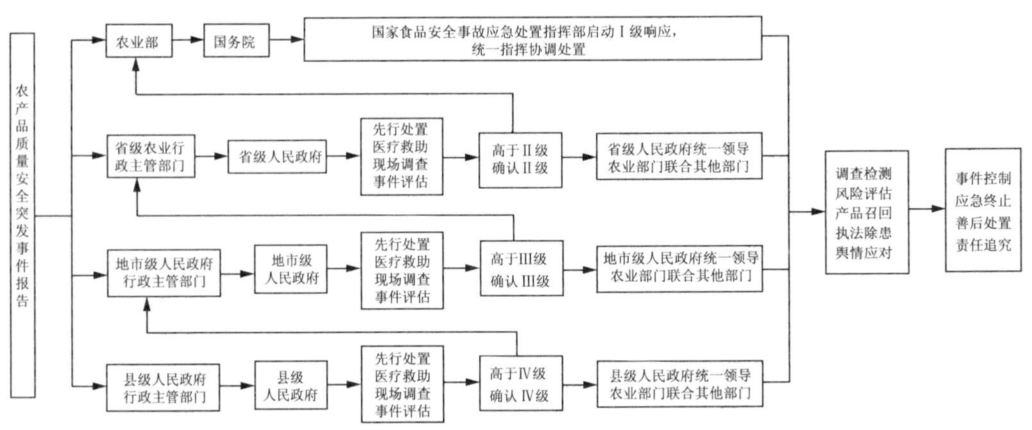

图 6-1　农产品质量安全突发事件分级处置流程图

6.4　指挥协调

农产品质量安全事件突发后，应率先建立以当地人民政府统一领导下的以

农业行政主管部门为主、各相关部门参与的应急指挥协调机制，避免出现多头指挥、现场杂乱的局面，待应急级别确定后，再由相应级别对应的政府和农业行政主管部门为主，成立应急指挥部，开展指挥。

以海南统一部署应对豇豆农残超标事件为例：2010 年海南豇豆农残超标事件发生后，海南省农业厅立即启动应急响应，并成立以农业厅厅长为组长的豇豆质量领导小组，并及时向海南省人民政府和农业部进行报告。海南省委和省人民政府统一部署安排，主要采取了事件调查、出岛瓜菜检测、农资市场整顿、舆情应对、市场对接沟通等一系列措施。应对以省农业厅为主积极有序开展，省工商、公安等部门予以大力协助，省委宣传部指导参与舆情应对。可以看出，事件发生后海南省委、省政府统一领导指挥，以农业部门为主，省委宣传部大力支持，工商、公安等省直部门全力配合，处置应对工作才能协调有序开展，才取得较好处置效果。

6.5　医疗救治

党和国家把人民的生命永远放在第一位，按照以人为本的原则，应急处置首先是救人，如突发事件导致人员伤害，首先组织医疗救治，由应急指挥部协调卫生部门进行救治，再开展相应的调查处置工作。前述广东、湖北两起学校学生集体中毒事件发生后，事件处置组首先将患病学生送至医院救治后再开展相关调查。

插文 6-3　案例：三聚氰胺事件发生后免费救治儿童

2008 年婴幼儿奶粉三聚氰胺非法添加事件在全国范围发生后，卫生部制定下发了 4 个医疗救治文件，对因食用非法添加三聚氰胺奶粉受到伤害的婴幼儿实行免费治疗。要求各医疗机构每天报告接诊情况。同时派出专家组分赴各省指导，在全国范围内对因食用非法添加三聚氰胺奶粉患病的婴幼儿进行筛查、诊断和医疗救治。确保尽早发现、尽早救治，力争不延误病情、不发生新的死亡病例。

6.6 现场处置

现场处置主要依靠事发地的应急处置力量。农产品质量安全突发事件发生后，事发责任单位和当地人民政府及相关部门应当按照应急预案迅速采取措施，控制事态发展。防止次生、衍生和耦合事故（事件）发生，果断控制或切断事故危害链。主要处置措施有：

1）控制区域：对重大农产品中毒事件，根据环境污染范围、受污染农产品可能扩散的范围，划定控制区域；

2）保护现场：封闭封存可能被污染的水源、食用农产品、器具及相关物品；

3）停止活动：县级以上人民政府可以在本行政区域内采取限制或停止集市、集会、演出、聚餐等其他一些群体性聚集活动，必要时停工、停课、停业以及停止疑似问题产品生产；

4）紧急征用：紧急状态下，可临时征用车辆、房屋及相关设备设施；

5）收集信息：收集现场第一手信息，包括事件起因、危害程度、影响范围、发展趋势等；

6）维护稳定：维护现场稳定，安抚人员情绪，不让人员恐慌，不让秩序混乱，有序疏导无关民众。

插文 6-4　现场处置典型案例

1992 年 4 月 18 日，福建省某县某中学发生了 187 名学生集体爆发可疑食物中毒事件，应急指挥部封闭了食堂及饮用水源。后经采样检验，确认为水源被农药甲胺磷污染。

2008 年婴幼儿奶粉三聚氰胺非法添加事件发生后，同年 9 月 12 日，政府勒令三鹿集团停止生产和销售问题奶粉。

2010 年海南豇豆农残超标事件中，武汉市农业局在 1 月—2 月武汉市农检中心多批次检测出来自海南的豇豆水胺硫磷残留超标后，决定从 2 月 6 日起 3 个月内武汉市暂停销售产自海南的豇豆。

6.7　调查检测

调查检测由专家组负责，主要为查明发生原因，向指挥部提供决策依据。引发农产品质量安全事件的原因主要有环境污染、非法添加、滥用投入品、微生物（细菌、病毒）感染、寄生虫感染、农产品毒素等，需要通过现场调查、农产品质量检测、医学诊断与检验等方式和方法确定。

6.7.1　现场调查

调查现场的农产品、加工工具及餐厨器具、水源、周边环境等，看有无霉变、异味、异常等现象。如，陕西省某市某中学发生疑似食物中毒事件后，现场调查食堂菜品有凉菜素鸡（初加工豆制品）及一些熟菜。后追查到素鸡批发市场摊点，此摊点豆制品平放于木板上，在阳光下暴晒，无防蝇防尘设施，市场上车多人杂，灰尘飞扬，卫生状况极差，加之调查当天气温 28℃，适宜细菌繁殖。再追查到豆制品初加工厂，厂房为石棉瓦搭建的简易棚，环境差，卫生条件完全不达标，属于“三无”工厂，无工商营业执照、无卫生许可证、工人无健康证，因此初步推断为凉菜素鸡受到污染或者质变引起食物中毒。

6.7.2　农产品检测

农产品检测是农产品质量安全突发事件原因定性的重要手段，可查明重金属是否超标、是否存在非法添加、农药残留是否超标等事项。事件发生后应及时抽样送检。

以三聚氰胺事件检测为例：从 2007 年 12 月开始，三鹿集团陆续接到消费者投诉，反映部分婴幼儿服用该集团的婴幼儿系列奶粉后尿液里有红色沉淀物症状。2008 年 7 月 24 日，三鹿集团将其生产的 16 批次婴幼儿奶粉送到河北省出入境检验检疫局技术中心检测。8 月 1 日，该中心出具检测报告确定送检的 16 批次奶粉样品中有 15 批次被检测出三聚氰胺。9 月 16 日，原国家质检总局公布对全国 109 家婴幼儿奶粉生产企业 491 个批次婴幼儿奶粉的检验结果，共有 22 家企业 69 批次奶粉检测出含量不相同的三聚氰胺。由此，问题奶粉的罪魁祸首三聚氰胺才被揭露出来。上述事件发生后，波及全国，在全世界造成很大影响，通过检测才锁定真凶，为正确处置提供了线索和依据。

插文 6-5　案例：湖北省通过检测把好准入关

湖北省农业厅每个季度对各地市州鲜活农产品抽检 1 次，平时还不定期抽检。各市、县、区乃至乡镇每年需完成大量抽检任务，如潜江市平均每年完成 30000 个“瘦肉精”样本抽检，10000 个蔬菜、水果农残样本抽检，300 个鱼及小龙虾样本抽检。通过检测能及时发现问题、及时处理。

从实际情况看，检测也是预防农产品质量安全事件发生的很好的手段，从源头上筑起了一道安全防线。2010 年海南豇豆农残超标事件披露后，海南省为防止问题蔬菜再次流入市场，拨付专款紧急从深圳购回 300 套检测设备，并于 2 月29 日发放到各县市，弥补检测设备不足的问题。从 3 月 1 日起对全部拟上市或拟出岛蔬菜全天候进行检测，对检测合格的蔬菜开具产地证明，准许出岛。从 3 月 1 日至 4 月 16 日，共检测蔬菜样本数量 101740 个，检测合格率 99. 17%，具体见表 6-1。

表 6-1　海南豇豆农残超标事件发生后检测情况①

日期	检测农产品	样本数量/个	合格率/%
3 月 1 日	豇豆	1511	98. 7
	苦瓜	18	100
	毛节瓜	51	100
3 月 2 日	豇豆	1469	99. 1
	苦瓜	49	98
	毛节瓜	35	100
3 月 3 日	豇豆	1747	96. 3
	苦瓜	167	96. 4
	毛节瓜	179	100
	四季豆	10	100

① 根据海南省农业厅应对豇豆农残超标事件资料汇编每日一报数据统计整理。

表 6-1（续）

日期	检测农产品	样本数量/个	合格率/%
3 月 4 日	豇豆	1765	97.5
	苦瓜	257	98.1
	毛节瓜	184	100
	四季豆	35	100
……			
4 月 16 日	豇豆	925	97.1
	苦瓜	292	100
	毛节瓜	79	100
	四季豆	23	100
—		101740（合计）	99.17（平均值）

6.7.3　医学诊断与检验

微生物（细菌、病毒）感染、寄生虫感染、农产品毒素等引起的农产品质量安全事件必须通过医学诊断与检验来予以确认。人类易感常见的食源性疾病主要有如下类型：

1）微生物：非伤寒沙门氏菌病、致泻大肠埃希菌病、贺氏菌病、肉毒梭菌病葡萄球菌肠毒素中毒、副溶血性弧菌病、椰毒假单胞菌酵米面亚种病、蜡样芽胞杆菌病、空肠弯曲菌病、单核细胞增生李斯特菌病、变形杆菌病、阪崎肠杆菌病、霍乱弧菌病、甲型病毒肝炎、诺如病毒病等。

2）寄生虫：广州管圆线虫病、旋毛虫病、华支睾吸虫病等。

3）生物毒素：霉变甘蔗中毒、菜豆中毒、蘑菇中毒、桐油中毒、龙葵素中毒、组胺中毒、河豚毒素中毒、麻痹性贝类毒素中毒等。

农产品农药残留中毒，重金属、亚硝酸盐等化学物质含量超标也可以通过医学诊断与检验来予以确认。

插文 6-6 案例：德国肠出血性大肠杆菌暴发事件检出真凶

2011 年德国肠出血性大肠杆菌感染暴发属于典型的微生物污染农产品事件。2011 年 5 月，德国暴发了溶血性尿毒综合症（Hemolytic — uremic syndrome，HUS），德国国家级公共卫生部门罗伯特．科赫研究所（RKI）国家沙门菌和其他细菌性肠道病原体参比中心调查发现，引起此次暴发的菌株是 O104：H4 肠出血性大肠杆菌（Eterohemorrhagic *E coli*，EHEC O104：H4 血清型）。截至 7 月 4 日德国共报告溶血性尿毒综合症病例 845 例，其中死亡 31 例；肠出血性大肠杆菌感染病例 3202 例，其中死亡 17 例。除德国外，法国、荷兰、奥地利、丹麦、捷克、希腊、挪威、西班牙、波兰、瑞典、瑞士、加拿大和美国等国家均有病例报告，且各国的病例大部分在发病前曾到过德国。此事件引起了世界各国的广泛关注。罗伯特．科赫研究所和汉堡的卫生部门共同在汉堡筛选 25 名病例开展调查，主要调查病例发病前一周内的饮食情况，怀疑此事件和生食黄瓜、西红柿和生菜有关。研究所与联邦及各州的卫生与食品安全部门在全国开展调查，分析显示外出就餐生食蔬菜与 HUS 呈正相关。5 月 27 日，汉堡医学实验室从西班牙黄瓜中培养出 EHEC，当即宣布产自西班牙的黄瓜为本次感染暴发来源。但 5 月 31 日，该实验室对黄瓜深入检测，结果显示，4 份标本中有 2 份未检测出 EHEC，2 份检测出 EHEC，但不是 O104 型。6 月 1 日，德国卫生部门又宣布感染事件暴发来源尚未确认。德国 EHEC 感染事件工作组和下萨克森州卫生部门开展的溯源调查研究确定污染了 O104 型 EHEC 的豆芽来源于该州一家豆芽生产公司。调查发现有 41 组聚集性病例与该公司相关，最后确定该公司是 O104 型 EHEC 暴发感染的源头。通过进一步检测，该公司葫芦巴豆、苜蓿、赤豆、扁豆和萝卜等 5 种芽苗种子是 O104 型 EHEC 的来源。后通过和法国疫情调查溯源比对分析，来自埃及的同一家出口商出口的批号为 48088 的葫芦巴豆种子是两国疫情事件的共同货源，并且种子在出口前某个环节受到了 O104 型 EHEC 污染。

6.8　风险评估

在农产品质量安全突发事件处置过程中进行风险评估，是为了核定农产品质量安全突发事件级别和确定应采取的措施。

（1）评估方法。根据现场及前期调查检测结果，对事故信息、涉及范围和可疑因素的危害及其不确定情况进行组织和系统研究，对相关资料做出评价，并选择适当的模型对资料做出判断，同时明确认定其中的不确定性，并在某些具体情况下利用现有资料推导出科学、合理的结论，用以回答有关健康危害因素危险性的具体问题。

（2）评估内容。问题农产品可能导致的健康危害及所涉及的范围，是否已造成健康损害后果及严重程度；事件的影响范围及严重程度；事件发展蔓延趋势等。

（3）评估作用。指导对事件采取相应处置措施；提供事件发展的预警信息；随时对调查检测情况和处置效果开展评价，及时提升和降低应急响应级别，甚至终止响应。

插文 6-7　案例：德国大肠杆菌感染暴发事件风险评估

2011 年德国 O104：H4 型肠出血性大肠杆菌感染暴发事件中，欧洲疾病预防控制中心（ECDC）多次发布风险评估，对食用可疑食物和高危行为进行警示，为防止疫情扩散、迅速控制疫情起到了重要作用。2011 年 5 月 27 日，欧洲疾病预防控制中心发布德国 EHEC 暴发第一次风险评估报告。报告认为截至该发布时间，德国这起 EHEC/HUS 暴发事件是德国首次报告的类似事件中规模最大的，并且非典型的年龄及性别分布特征而具有其特殊性，同时德国以外的欧洲其他国家也有 HUS 病例报告。尽管汉堡卫生部门检测研究提示黄瓜、西红柿作为生食食品，可能是病菌载体，但尚未清楚蔬菜污染的环节和时间，不能确定此结果能否外推至全德国，因此不能排除还有其他的可疑食品载体。鉴于德国仍持续报告确诊或疑似病例，因此认为感染源仍然存在。由此发布预警信息，强调个人应加强卫生管理，预防感染。6月14日，欧洲疾病预防控制中心发布第二次风险评估报告。确认导致此事件的病原体STEC/EaggEC O104：H4型是极其罕见的大肠杆菌基因型，来自德国北部的一家农场生产的豆芽是病原体的载体。报告再次强调从农田到餐桌各个环节处理食品时均要严格遵守个人卫生准则。特别是生吃蔬菜时要彻底清洗和去皮以避免肠道病原茵感染。考虑到生产豆芽的种子存在一定风险性，再次发布健康预警，提示民众不要自行生发豆芽。6月29日，欧洲食品安全局（EFSA）和欧洲疾病预防控制中心（ECDC）发布第三次风险评估报告。认为法国HUS病例聚集性感染事件不可能为一起独立事件。经调查确定葫芦巴豆种子为法国和德国两起感染事件的共同食物来源。此次报告强烈建议消费者不要自行生发豆芽，并且在食用豆芽和发芽的豆类食物时必须煮熟煮透。7月8日，发布第四次风险评估报告。确定法国和德国的两起感染暴发事件来源于同一批受O104：H4型大肠杆菌污染的豆类种子。并确认来源于埃及的一批葫芦巴豆种子为感染源头，普遍认为种子在进口前已被污染。但不能排除其他批次种子被污染的可能。

欧洲疾病预防控制中心根据事件发展的态势、溯源调查、医学检测的进展分阶段发布风险评估，回应了公众的疑问，及时提醒公众正确应对，避免了事态进一步扩散。

6.9 产品召回

6.9.1 问题产品

农产品质量安全事件发生后，对问题农产品及时控制和召回是防止事态发展的重要手段。《农产品质量安全法》第三十三条明确规定，有下列情形之一的农产品，不得销售：

1）含有国家禁止使用的农药、兽药或者其他化学物质的；

2）农药、兽药等化学物质残留或者含有的重金属等有毒有害物质不符合农产品质量安全标准的；

3）含有的致病性寄生虫、微生物或者生物毒素不符合农产品质量安全标准的；

4）使用的保鲜剂、防腐剂、添加剂等材料不符合国家有关强制性的技术规范的；

5）其他不符合农产品质量安全标准的。

同时规定，农产品生产企业、农民专业合作经济组织销售的农产品有第一项至第三项或者第五项所列情形之一的，责令停止销售，追回已经销售的农产品，对违法销售的农产品进行无害化处理或者予以监督销毁；使用的保鲜剂、防腐剂、添加剂等材料不符合国家有关强制性的技术规范的，责令停止销售，对被污染的农产品进行无害化处理，对不能进行无害化处理的予以监督销毁。

6.9.2 召回分级

参照《食品召回管理办法》规定，风险追溯产品召回分为三级。

1）一级召回：食用后已经或者可能导致严重健康损害甚至死亡的，生产者应当在知悉安全风险后 24h 内启动召回，并向县级以上农业行政主管部门和食品药品监督管理部门报告召回计划。

2）二级召回：食用后已经或者可能导致一般健康损害，生产者应当在知悉安全风险后 48h 内启动召回，并向县级以上农业行政主管部门和食品药品监督管理部门报告召回计划。

3）三级召回：标签、标识存在虚假标注的农产品，生产者应当在知悉安全风险后 72h 内启动召回，并向县级以上农业行政主管部门和食品药品监督管理部门报告召回计划。标签、标识存在瑕疵，食用后不会造成健康损害的农产品，生产者应当改正，可以自愿召回。

插文 6-8　案例例举

2008 年婴幼儿奶粉三聚氰胺非法添加事件发生后，9 月 15 日，农业部先后派出 6 个督导组分赴各奶源生产地进行督导。9 月 16 日，国家质检总局公布阶段性检测结果，并立即对问题奶粉进行下架、封存、召回并销毁。

2012 年 5 月 15 日，广州江南果蔬批发市场检测出 7 个大白菜样品含有甲醛，立即对这 122.4 t 不合格大白菜进行销毁。

2010 年海南豇豆农残超标事件发生后，海南省自 3 月 1 日起，每天开展全天候检测，对疑似农残超标蔬菜进行封存复检，对检测确认问题蔬菜进行销毁。从 3 月 1 日至 4 月 16 日，共销毁问题蔬菜 3385kg。

2017 年 7 月，欧洲“毒鸡蛋”事件发生后，比利时、荷兰、德国和法国等国下架了大量可能被氟虫腈污染的鸡蛋，并关闭了使用过氟虫腈的禽类养殖农场。

6.10　执法除患

农产品质量安全事件突发后，为避免事态进一步扩大，尽量减少造成的损害，农业部门或者其他相关部门执法单位应迅速依法依规展开相应执法行动，案例见插文 6-8。事件较大时，在当地政府统一领导下，农业部门可与当地公安、食品药品监管、工商、质监、物价等部门开展联合执法行动。确保执法行动取得实效、违法行为得到打击、引发事件的因素得到控制、隐患消除。

2010 年海南“毒豇豆”事件披露后，时任海南省省委书记卫留成、省长罗保铭做了专门批示，省委副书记于迅亲自部署，省农业厅联合公安、工商等省直部门对全省农业投入品市场进行专项整治。从 3 月 1 日至 4 月 16 日，共动用执法人员 9477 人次，检查农药经营门店 9028 家，查处案件 41 件，查处违禁农药 4203.02kg（见表 6-2）。

表 6-2　海南豇豆农残超标事件发生后农业投入品整治情况表①

日期	出动执法人员/人次	检查农药店数量/家	田间调查数量/次	调查农户数/人次	印发资料/万份	查处案件数量/件	查处违禁农药数量/kg	货值/元
3月1日	303	305	83	514	4.99	5	6	1200
3月2日	271	261	78	443	3.48	6	53	3000
3月3日	438	510	347	2765	3.7	10	36	2980
3月4日	282	357	1829	607	5.568	2	7.5	570
……								
4月16日	112	82	681	135	0.06			
合计	9477	9028	38291	20323	65.2583	41	4203.02	22405

6.11　回应公众

由农产品质量安全事件引发的舆情传播速度快、变种多、随意且盲目。这些情况极易引发社会公众的焦虑与恐慌情绪。应密切监控舆情，发布事件真相，正面舆情引导，邀请专家普及科学、讲明相关知识等。通过及时回应公众，尽快消除不良影响，维护社会稳定。具体案例，见插文 6-9。

插文 6-9　案例例举

案例 1：婴幼儿奶粉三聚氰胺非法添加事件及时通报进程

2008 年婴幼儿奶粉三聚氰胺非法添加事件波及全国甚至国外，社会广泛关注，民众产生恐慌，各级媒体持续跟踪报道。国务院和地方政府多次举行新闻发布会，通报事件处置进程。9 月 13 日，国务院召开新闻发布会，由卫生部、国家质检总局和河北省负责人就三鹿婴幼儿奶粉事件处置情况进行通报。9 月 14 日，河北省政府召开新闻发布会，由省长助理、省政府秘书长就三鹿婴幼儿奶粉事件处置情况再次进行通报。9 月 15 日下午，河北省政府再次召开新闻发布会，由省卫生厅通报三鹿奶粉事件导致受到伤害的婴幼儿医疗救治情况。9 月 15 日 15：00 甘肃省政府召开新闻发布会，由省卫生厅、

① 根据海南省农业厅应对豇豆农残超标事件资料汇编每日一报数据统计整理。

省质量技术监督局介绍事件处置进程，通报了事件已导致2名患儿死亡。9月15日16：00，卫生部召开新闻发布会，通报事件导致受伤害的患儿救治情况并实时实情回答记者问题。9月至10月国家各部委、各省人民政府密集召开新闻发布会，还公布了公益服务电话和举报投诉电话，让公众有知情权，及时了解事件应急处置动态。

案例2：海南豇豆农残超标事件正面舆情引导

2010年海南豇豆农残超标事件发生后，2月24日，海南省农业厅邀请各中央和省级媒体召开媒体通气会，通报事件处置进程。2月25日组织新华社、人民日报驻琼机构深入实地采访。2月26日再次召开媒体通气会，介绍相关情况。此后，多次通过《海南日报》《海口晚报》《南海网》《南国都市报》《南方农村报》等新闻媒体发布省委主要领导讲话表态、农产品检测情况、投入品监管情况、市场对接情况等，让公众及时了解处置措施和进展，从正面加强舆论引导，直到负面报道和负面舆情消失。

案例3：西瓜膨大剂事件专家普及科学

2011年西瓜膨大剂事件发生后，专家及时在媒体上解释原因，是由于田间含水量充足，果肉生长速度快于果皮生长速度，再加上该品种属于薄皮瓜品种，所以雨后或者浇水后，容量引发“炸瓜”现象。社会公众学到了相关科学知识，了解了事件真相。

案例4：我国茶叶农残事件专家讲明农残标准

2012年我国茶叶农残事件发生后。农业部邀请中国工程院院士、著名茶学专家陈宗橘和农业部茶叶检测中心、农业部农药检定所、全国农技推广中心的专家在多家国家级媒体上解释我国的农残标准和国际食品法典委员会、欧美的农残标准，我国的某些标准比欧盟更科学严谨、更严格。绿色和平组织发布的报告中29种农药的检测结果，无论按我国标准和欧盟标准来判定均属合格产品，并告诉公众，农药有检出并不等于超标，有残留并不等于有危害等知识。这些专业知识，普通公众知之甚少，通过权威专家普及后，民众消除误解。

案例5：宁波小龙虾含违禁药物事件专家释疑

2016年5月，有媒体报道宁波通过试纸快速检测出市场上小龙虾含有违

禁药物，这些小龙虾产自江苏、浙江、湖北等地。报道后，网上谣传四起。小龙虾消费群体广、消费量大，且是江苏、湖北等地的农业支柱产业，事件不解释清楚极可能对小龙虾产业带来危害。淡水渔业研究中心周鑫教授接受记者采访时指出：发布药残必须由具有检测资质的机构检测，按国家标准要求的方法检测，并由权威机构核实后发布。用试纸测出的疑似结果不可信，就此认定有农残更是不负责的态度。并指出滥用农药反而会导致小龙虾死亡，养殖过程中一般通过用生物制剂和种水草来调节生态环境，由此来减少发病或者避免发病。

案例 6：农业部回应欧洲“毒鸡蛋”事件

2017 年 7 月欧洲发生了“毒鸡蛋”事件，不仅欧洲 16 国市场上输入了“毒鸡蛋”，中国香港也被波及。此后韩国、中国台湾等国家和地区也在本地检测出“毒鸡蛋”。世界范围内引起了鸡蛋消费的恐慌情绪。8 月 17 日，农业部在北京举行发布会，介绍农业部推进质量兴农，确保农产品消费安全有关情况。农业部农产品质量安全监管局副局长金发忠表示，欧洲鸡蛋并未进入中国内地市场。此外，据质检总局介绍，欧洲目前没有任何一个国家的鸡蛋产品获得中国政府的进口准入，也就是说没有欧洲的鸡蛋进入中国内地市场。通过回应，缓解了国内民众的恐慌情绪。

6.12　响应终止

6.12.1　响应终止的条件

农产品质量安全事件突发后，经过一系列应急处置措施，事件确定得到有效控制后，可进入响应终止阶段。响应终止应具备一定条件：

1）农产品质量安全突发事件的隐患或者相关危险因素得到控制和消除，并经事件处置领导小组和专家分析确认；

2）受伤害人员得到救治，且最后一例病例发生后经过一个最长潜伏期无新增病例，经过一定程序可以终止响应；

3）事件导致的负面影响和危害消除或得到控制。

6.12.2 响应终止程序

1）Ⅰ级响应终止：农业部组织专家分析论证后，提出响应终止的建议，报国务院或国家食品安全事故应急处置指挥部批准后实施。

2）Ⅱ级响应终止：由省级农业行政主管部门组织专家分析论证后，提出响应终止的建议，报省级人民政府批准后实施，并向农业部报告。

3）Ⅲ级响应终止：市（地）级农业行政主管部门组织专家分析论证后，提出响应终止的建议，报地级人民政府批准后实施，并向省级农业行政主管部门报告。

4）Ⅳ级响应终止：县级农业行政主管部门组织专家分析论证后，提出响应终止的建议，报县级人民政府批准后实施，并向地级农业行政主管部门报告。

6.13 善后处置

各级农业行政主管部门在同级人民政府的领导下，负责组织农产品质量安全突发事件的善后处置工作，包括人员安置、补偿，征用物资补偿，污染物收集、清理与处理等事项。尽快消除事件影响，妥善安置和慰问受害和受影响人员，恢复正常秩序，保证社会稳定。

农产品或食品质量安全事件发生后，农业产业和农民利益也会受到严重损害，见插文6-10，各级政府、各级部门、各新闻媒体以及全社会各单位和个人有责任和义务既要对健康受损民众补偿，又要从加强质量管理、建立技术标准、正面加强舆论引导等各方面采取积极措施来帮助受损害的农业产业，切实保护农民利益。

插文 6-10　案例例举

三聚氰胺非法添加事件披露后，我国奶业遇到信任危机，遭受巨大损失。龙头企业伊利股份的股价从 2008 年 8 月 1 日的 16.83 元迅速跌至 10 月 27 日的 6.63 元，下跌幅度 60.61%，创下 1996 年 1 月 25 日上市以来的最低价，损失惨重（数据来源于股票交易系统）。

海南“毒豇豆”事件在 2010 年 2 月 22 日武汉晚报披露前，豇豆平均收购价一直在 4 元/kg 以上，披露后，从 2 月 24 日开始，平均收购价迅速跌至 0.7 元/kg~1 元/kg，农民利益严重受损。

2013 年湖南大米镉超标事件发生后，湖南大米立即滞销，受损害的同样是农民。

6.14　责任追究

农产品质量安全突发事件处置过程中，根据相关法律，根据相关事实及危害程度，应对违法行为进行追责。

6.14.1　行政责任

行政责任主要有行政处罚和行政处分。

行政处罚种类：警告；罚款；没收违法所得、没收非法财物；责令停产停业；暂扣或者吊销许可证、暂扣或者吊销执照；行政拘留；法律、行政法规规定的其他行政处罚等。

行政处分种类：警告、记过、记大过、降级、撤职、开除等。

6.14.2　民事责任

民事责任有赔偿损失、消除危害、赔礼道歉等。

6.14.3 刑事责任

(1) 事责任种类

管制、拘役、有期徒刑、无期徒刑和死刑等5种主刑，还包括剥夺政治权利、罚金和没收财产等3种附加刑。

(2) 依据的法律法规

农业行政主管部门在处置农产品质量安全突发事件过程中，应以《行政处罚法》《刑法》《农产品质量安全法》《农药管理条例》《最高人民检察院、公安部关于公安机关管辖的刑事案件立案追诉标准的规定（一）、（二）》以及《最高人民法院、最高人民检察院关于办理危害食品安全刑事案件适用法律若干问题》的解释等为依据。

(3) 移交时限

发现涉嫌犯罪案件，依法需要追究刑事责任的，应按规定及时做出移送公安机关处理的决定，并在做出决定后的24h内向同级公安机关移送，同时抄送同级人民检察院、食安委备案。

(4) 移交内容

移送涉嫌农产品质量安全犯罪案件，应同时提交涉嫌农产品质量安全犯罪案件移送书，涉嫌农产品质量安全犯罪案件情况的调查报告，涉嫌农产品质量安全犯罪财物移送清单，有关检验报告或者鉴定结论，其他有关涉嫌农产品质量安全犯罪的材料。

插文 6-11 案例例举

案例 1：2008 年婴幼儿奶粉三聚氰胺非法添加事件责任追究

河北省委常委、石家庄市市委书记、分管农业副市长、畜牧水产局局长、质量技术监督局局长被免去党内外职务，国家质量监督检验检疫总局局长李长江引咎辞职。原三鹿集团董事长田文华因犯生产、销售伪劣产品罪，被判处无期徒刑，并处罚金2000万元；奶贩、奶源基地负责人、劣质奶生产者、化工试剂店店主等人分别以危险行为危害公共安全罪和生产、销售有

毒食品罪，被判处死刑、死缓或者无期徒刑；其余涉案人员被判处 5~15 年有期徒刑。三鹿集团有限公司因生产、销售伪劣产品，被判处罚金 4937 万元。

案例 2：2011 年“瘦肉精”事件责任追究

2011 年“瘦肉精”事件中，有多人受到刑事追责，河南省各级人民法院审结 58 案共判处 113 人。判处“瘦肉精”制售者、玩忽职守和滥用职权的国家工职人员 77 人，其中判处死缓 1 人、无期徒刑 1 人、9 年以上有期徒刑 9 人、5~9 年有期徒刑 20 人、3~5 年有期徒刑 23 人、3 年以下有期徒刑 23 人；判处生猪养殖户 36 人，其中判处有期徒刑 1 年以下至拘役的 29 人、缓刑 7 人。

案例 3：荷兰“毒鸡蛋”事件责任追究

2017 年 7 月欧洲“毒鸡蛋”事件发生后，通过调查，鸡蛋中出现农药氟虫腈成分，与荷兰一家为农场提供杀虫服务的专业公司“鸡之友”有关，荷兰有 180 家农场是其客户。荷兰检方 8 月 10 日证实，已逮捕了“毒鸡蛋”涉案公司“鸡之友”的两名负责人。

6.14.4　惩奖分明

对农产品质量安全突发事件应急处置工作中有失职、渎职行为的单位或工作人员，根据情节，由其所在单位或上级机关给予处分；构成犯罪的，依法移送司法部门追究刑事责任。对在农产品质量安全突发事件应急处置工作中有突出贡献或者成绩显著的单位、个人，给予表彰和奖励。

应急处置结束后，还应对事件发生的相关因素及事件的后续影响进行跟踪监测，分析评估，全面总结。

本章主要参考文献

[1] 丁昌东．农产品质量安全突发事件分级标准存在的问题与对策［J］．农产品质量与安全，2010（5）：49-51.

[2] 王枤．我国农产品质量安全应急管理研究［D］．北京：中国农业科学

院，2014.

[3] 张永慧，吴永宁．食品安全事故应急处置与案例分析［M］．第二版．北京：中国质检版社，中国标准出版社，2013.

[4] 陈秋．一起313人甲胺磷农药中毒的调查报告［J］．广东卫生防疫，1995，21（3）：45.

[5] 刘云涛．国家食品药品监督管理总局官微辟谣“塑料大米”［EB/OL］．［2017-05-10］．http：//shipin. gmw. cn/2017-05/10/content_ 24437496. htm.

[6] 苏银苓．“三鹿奶粉事件”全接触［J］．河北画报，2008（10）：3-7.

[7] 刘家发，谭晓东．卫生应急指南［M］．武汉：湖北科学技术出版社，2012.

[8] 王开新，潘香金．一起中学生爆发甲胺磷农药中毒的调查报告［J］．现代预防医学，2000，27（3）：372.

[9] 王文艳，张萍，王增国．关于高新一中学生发生食物中毒调查分析［J］．职业与健康，2000，16（12）：60-61.

[10] Robert Koch Institute. TechnicalReport：EHEC/HUS O104：H4 Outbreak，Germany，May/June 2011［R］．Berlin：Robert Koch Institute，2011.

[11] 黄熙，邓小玲，梁骏华，等．2011年德国肠出血性大肠杆菌O104：H4感染暴发疫情溯源调查［J］．中国食品卫生杂志，2011，23（6）：555-559.

[12] 姜飞．央视《焦点访谈》播出南海网独家报道的糖精枣事件［EB/OL］．［2016-03-14］．http：//www. hinews. cn/news/system/2015/10/05/017844262. shtml.

[13] 吴涛．广州查出120多吨甲醛白菜［EB/OL］．［2012-05-20］．http：//www. gd. xinhuanet. com/newscenter/2012-05/20/content_ 25262070. htm.

[14] 刘墨非．北京：管园线虫病患者增至70例［EB/OL］．［2006-08-22］．http：//news. xinhuanet. com/health/2006-08/22/content_ 4991628_ 1. htm.

[15] 吴盈秋．上海人气面包店用过期面粉4个门店停业8人被控制［EB/OL］．［2016-03-24］．http：//china. zjol. com. cn/ktx/201703/t20170324_ 3361910. shtml.

[16] 李祥洲，钱永忠，邓玉，等.2015—2016年我国农产品质量安全网络舆情分析及预测 [J]. 农产品质量与安全，2016 (1)：8-14.

[17] 胡可璐. 中国食品辟谣联盟在京成立 [EB/OL]. [2015-08-28]. http：//news. xinhuanet. com/food/2015-08/28/c_ 128177544. htm.

[18] 科学养鱼. 宁波市场小龙虾抽检出药残？专家怎么看待这个问题？[EB/OL]. [2016-05-17]. http：//www. shuichan. cc/news_ view-282120. html.

[19] 百度百科. 河南瘦肉精事件. [EB/OL]. [2011-03-15]. http：//baike. baidu. com.

[20] 刘芳. 荷兰调查“毒鸡蛋”147农场关停 [EB/OL]. [2017-08-04]. http：//news. xinhuanet. com/world/2017-08/04/c_ 1121428957. htm.

[21] 冯玉婧. 欧洲“毒鸡蛋”问与答 [EB/OL]. [2017-08-12]. http：//m. xinhuanet. com/2017-08/12/c_ 1121473406. htm.

[22] 汪亚. 农业部回应欧洲“毒鸡蛋”事件：未进入中国内地市场 [EB/OL]. [2017-08-17]. http：//news. xinhuanet. com/2017-08/17/c_ 129683432. htm.

本章附录　缩略语表

英文缩写	英文全称	中文名称
BfR	German federal Institute of Risk Assessment	德国联邦风险评估研究所
CDB	Internet-based country data bank	沙门菌血清型全球数据库
CDC	Centre for Disease Control and Prevention	疾病预防控制中心
EC	European Commission	欧盟委员会
ECDC	European Centre for Disease Prevention and Control	欧洲疾病预防控制中心
EFSA	European Food Safety Authority	欧洲食品安全局
EHEC	Eterohemorrhagic E. coli	肠出血性大肠杆菌
RKI	Robert Koch Institute	罗伯特·科赫研究所

第7章 农产品质量安全应急管理评估与优化

本章主要讨论在农产品质量安全突发事件应急处置结束后，如何对风险管理[①]措施及实施效果进行科学合理的监测与评估，判断风险是否得到有效控制，确定是否需要增加其他后续控制措施或改进处置方式，评估事件发生和应急处置对农业及关联产业、公共安全、生态环境已经产生的现实影响或可能造成的潜在风险。评估结果有助于确定在应急管理或其他环节需要改进的地方，避免将来可能发生同样或类似的错误。风险管理一般框架见图7-1。

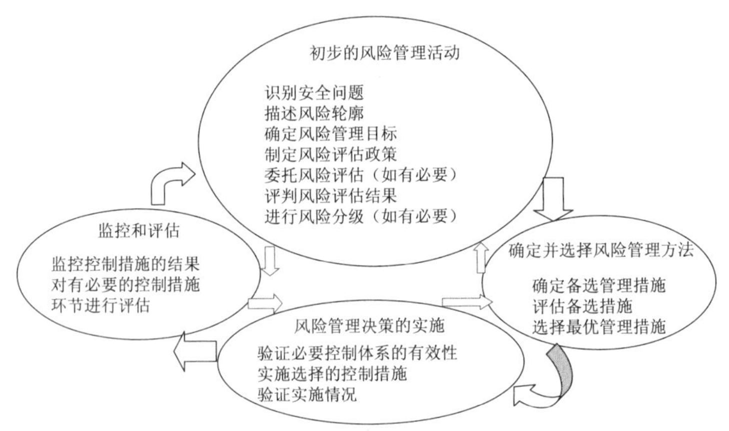

图7-1 风险管理一般框架[②]

---

① 在时间、数据和信息有限的情况下进行风险评估，然后做出风险管理决策并进行风险交流，是农产品质量安全和食品安全应急（AFSER，Agricultural Food Safety Emergency Response）重要组成部分。食品法典虽然规定了开展风险分析的基本要素，但并没有详细说明紧急情况下应用风险分析概念，联合国粮农组织（FAO）和世界卫生组织（WTO）编写了《在食品安全应急中应用风险分析原则和程序的指南》，提出了食品安全控制体系中应急处置部门内容。虽然大多数国家制定了食品安全和农产品质量安全应急处置预案，但是农产品质量安全突发事件应急管理评估指南缺乏官方规定，缺乏系统性、规范化方法。

② 风险管理的一般框架（RMF）可在两种情况下起作用：一种是战略性、长期性情况，如时间充裕情况下制定国际与国内标准；另一种是国内农产品和食品安全机构的短期工作，如农产品质量安全突发事件的应急处置。对于前者，风险管理者可从风险评估报告中获得丰富的科学信息资料；而对于后者，由于难以得到完备的风险评估报告，往往需要依赖于已获得的有关风险的科学资料，以此作为实施初步控制措施的依据。

7.1　应急风险排查与跟踪管理

应急响应结束后，农产品质量安全主管部门（应急管理机构）要对突发事件起因、应急处置过程、舆情发展动态、可能风险隐患进行事后全面梳理和排查，判断事件处置与风险危害是否得到有效控制，是否需要改进风险管理措施。

7.1.1　排查风险

追根溯源突发事件发生的源头（详见本书 4.2.1），准确判断农产品质量安全风险的根源。如发现新的风险源头与危害信息，应向农产品质量安全主管部门（应急管理机构）及时报告。对于在应急处置期间初步评估的风险问题，如需要也可做进一步再评估。

7.1.2　评判标准

（1）应急措施有效性原则

评价应急处置措施是否最大限度地减少农产品质量安全突发事件的危害，保障公众健康、生命安全和产业健康发展。评价应急组织指挥体系是否高效，预警监测体系是否健全，应急响应机制是否灵敏，应急保障体系是否完善，预案管理与演练是否成熟。可运用星级、分值、分级、优先顺序等方式对应急措施的有效性进行评价，完善将来的应急工作。

（2）风险水平适宜性原则

农产品质量安全风险管理应遵循风险可接受原则，即风险水平的可接受性或适宜的保护水平（ALOP）[①]。ALOP 的描述可以是突发事件引发的公共健康风险、产业安全风险或疾病发生的概率等术语来表达。在紧急情况下，由于数据

---

① 适当保护水平（Appropriate Level of Protection，ALOP），WTO 成员国认为合适的保护水平，为保护其领土内人、动物和植物生命或健康而确立的卫生和植物卫生措施。这个概念也用来指风险的可接受水平。

的缺失、信息的失真与风险的不确定性，会影响应急风险评估与风险管理的可靠性。应急处置结束后，可能需要补充新的数据来重新评估风险和确定适宜的保护水平。

(3) 危害程度可控性原则

在现有的资源配置、资金支持、技术能力、人员队伍、信息储备、法律授权等条件下，将农产品质量安全突发事件危害尽快降低到可管控和可接受的范围内。

(4) 应急处置时效性原则

对于重大突发事件，农产品质量安全应急处置必须面对紧急状态下的公共安全管理与风险管理，突出应急机制的高灵敏、高效率，展示在最短时间内控制危害扩大的能力。

7.1.3 跟踪管理

(1) 监测评价

开展突发事件应急处置效果监测评价，包括行业咨询、风险监测、危害评价等，判断危害是否得到有效控制，或确定是否需要增加其他管控措施。如监测结果显示危害未得到有效控制，则可能需要增加风险管理措施、调整风险管理策略或扩大调查与重新评估风险。

(2) 风险消解

如风险危害完全可控，可相应缩减风险管理规模或结束紧急状态的风险管控措施，适时解除风险预警，消除公众恐慌心理，增强公众对突发事件处置的信心，有助于政府、行业与企业、农户对危害管控行动及时做出调整。

(3) 管理优化

根据突发事件发生以及应急处置情况，管理者应进一步完善农产品质量安全风险监测计划、质量追溯体系、风险预警机制、应急处置措施。同时，鼓励行业机构、生产企业、进口商、经销商、批发市场、超市等开展风险监测和提供风险信息，鼓励行业机构、产业协会和生产组织制定应急计划，建立监管机构与专家学者、检测机构、新闻媒体的交流合作机制，优化农产品质量安全管

理与社会共治机制。

7.2　应急处置分析评估与总结

7.2.1　分析评估

农产品质量安全突发事件应急处置评估①是指农产品质量安全突发事件应急处置结束后，对突发事件预防、应对、调查及处置过程进行考察，在此基础上开展评价与判断的活动。评估的意义在于：对应急处置工作进行分析评价，及时全面总结经验；及时深入总结教训，发现突发事件应急管理中存在的问题和不足；通过完善突发事件应急处置体制、机制、法制和预案，进一步改进应急处置措施和提高突发事件应对能力。

（1）评估原则：客观性、独立性、规范性、公众参与、目标导向

1）客观性原则要求评估工作必须与农产品质量安全突发事件应急处置事实相符，确保突发事件的起因、影响、处置工作等在评估过程中不做任何篡改和歪曲，确保评估过程具有说服力和公信力。为确保客观性，可以通过实施独立的外部评估，或在内部评估中邀请突发事件事故应急处置涉及的科学家、行业协会、企业、媒体和消费者参与评估。

2）独立性原则要求评估主体具有独立性，能独立、不受外界干预，客观评价突发事件相关部门在应急处置过程中的绩效，通常要求成立独立的评估小组实施相应工作。

3）规范性原则要求评估程序、指标、标准、内容、结果等应形成相对稳定

① 这里的应急处置评估是对突发事件应急处置管理的分析评估，属于风险管理的一般框架（RMF, Risk Management Framework）范畴，与通常食品安全风险分析中的风险评估含义并不一致。风险评估作为风险分析的核心内容，包括危害识别、危害特征描述、暴露评估和风险特征描述等 4 个步骤，一般被认为是“基于科学”的部分。实际上，风险评估也可能包含一些不完全科学的判断与选择。而风险管理是在选取风险管理措施时对科学信息和其他因素（如经济、社会、文化与伦理等）进行整合和权衡的过程。风险管理（RMF）包括初步风险管理活动、风险管理方案的确定与选取、管理措施的实施、监控与评估等 4 个部分，风险管理的大部分阶段都需要管理者、评估者及外部利益相关方之间进行广泛交流、合作与协调。应急处置分析评估可参考风险分析的一般原则和科学方法。

的模式。

4）公众参与原则强调社会公众对应急管理的知情意识、监督意识、参与意识，要求吸纳社会各界参与评估、公布评估结果，维护社会公众的知情权。

5）目标导向原则指要以总结经验、吸取教训为目标，确保针对性、目标性。

评估方式：包括自我评价、上级评价、同行评价、公众评价与第三方评估等；可以针对实施的每一项应急处置措施的有效性进行评价，也可以对农产品质量安全突发事件应急处置的整体情况进行评价。为提高评估结果的客观性，对于重大农产品质量安全突发事件应急处置工作，应在自我评价的基础上，开展第三方评估或同行评价。第三方评估可由受委托的专业化评估机构开展，也可以成立专门评估小组承担该项任务。

评价方法：包括定性评价、定量评价、分级评价，或多种方法相结合的复合评价。

评估内容：包括应急处置是否适当、是否过度、是否不足，分析应急处置的经验与教训；农产品质量安全应急计划是否合理，应急准备是否充分；突发事件报告确认与发展预期判断是否科学，应急预案启动是否及时与合理；应急预案执行是否到位，紧急情况下的风险评估是否科学，不确定性与局限性因素有哪些；紧急情况下的风险分级、风险管理是否合理，风险交流策略是否得当、交流渠道是否通畅，是否有其他可供选择的风险管理和交流策略；应急处置过程与结果的评价，分析影响应急处置有效性的原因。

（2）评估程序

1）成立评估小组。如采用第三方评估，评估小组组长应选择在农产品质量安全风险评估、风险管理、风险交流领域具有扎实理论基础和丰富实践经验的专家，成员应包括技术专家、管理专家、经济学家、监管机构及人员、媒体代表、企业代表、消费者代表、行业代表、地方代表等。评估小组成员的选择应遵从独立、公正、公开原则，从源头上保障评估工作的公信力。

2）制定评估方案。评估方案的设计直接影响评估效率和质量。应制订书面的评估方案，方案内容包括评估对象、评估目标、评估要求、评估标准、评估方法、评估内容、工作进度、经费预算等，评估方案要对特定内容做出具体说明，也可以图表等方式辅助表达。

3）实施评估工作。评估过程中要积极收集资料信息，科学运用资料查阅、访谈调查、个案观察、数据分析、评估模型等多种方法，开展全面、客观、公正的评估工作。

4）总结评估报告。评估工作总结要注重提高自我检验、分析评估的信度和效度，评估结论要征求有关人员意见，发挥当事人对调查评估的诊断、监督、反馈、完善作用，提高评估结果的科学性，评估报告要清晰、完整、准确描述和反映农产品质量安全突发事件发生及处置过程，做出相关价值判断，提出改善应急管理工作的政策建议。美国农产品质量安全突发事件应对评估案例见插文 7-1。

插文 7-1　美国农产品质量安全突发事件应对评估案例

美国和欧盟等国家非常重视农产品和食品质量安全突发事件的应急管理工作评估，在重大突发事件发生后，能及时开展分析评估，从多个角度总结经验教训，撰写评估报告，进而用于提升应急管理效能。

案例：美国多州感染圣保罗沙门氏菌暴发应对评估。2008 年 4 月，美国发生一起由圣保罗沙门氏菌感染引起的疾病暴发，波及 43 个州，报告病例近 1500 人，成为美国 10 年来最严重的沙门氏菌感染暴发事件。针对这起暴发事件，美国 CDC 开展了详细的流行病学调查，调查初期认为生的西红柿为导致此次暴发的食物载体，并据此发布了全国性的关于西红柿的消费预警。预警发布后，流行曲线显示病例数有所下降，但疫情并未停止。对此，调查人员先后实施了 4 次全国性和区域性的流行病学分析研究，最终证实引起本次暴发的农产品为墨西哥种植的辣椒，这种辣椒被用于制作调味酱汁。在完成调查处置后，美国 CDC 专家对此次调查处置结果进行了回顾和总结，认为导致食源性疾病暴发的食物载体如作为共同进食中的一种成分，在流行病学调查分析真实过程中会存在一定的困难，因此要不断对调查中做出的假设进行持续分析验证，特别是持续的爆发时间中更要重视验证的作用。

7.2.2　总结报告

《国家农产品质量安全突发事件应急预案》规定：Ⅰ级、Ⅱ级农产品质量安全突发事件善后处置工作结束后，省级农业行政主管部门应当及时总结分析应急处置过程，提出改进应急处置工作的建议，完成应急处置总结报告，报送农业部应急处置指挥领导小组办公室。在完成应急处置过程分析评价后，农产品质量安全主管部门（应急管理机构）应负责撰写突发事件应急处置总结报告，并提交主管领导和上级部门。

总结报告内容包括：突发事件发生、发展及原因；应急处置实施过程及风险监测结果；应急处置评价与经验、教训；应急处置与风险管理建议。对于重要数据和资料信息，可以附件方式做补充说明。

7.2.3 政策建议

通过突发事件发生与应急处置效果评价，提出改进农产品质量安全管理和突发事件应急处置的有关政策建议。如改进国家农产品质量安全风险监测计划与预警机制，修订农产品质量安全突发事件应急预案，完善监管法律法规体系、技术标准体系、应急支撑体系、信用体系等，强化农产品质量安全知识宣教培训和生产者主体责任意识，提高紧急状态下农产品质量安全风险管控能力和常态下农产品质量安全监管水平。英国苏丹红事件应急处置评估见插文 7-2。

插文 7-2 英国苏丹红事件应急处置评估

2005 年 2 月 18 日，英国食品标准管理局（FSA）就食用含有添加苏丹红色素的食品问题向消费者发出警告，并在其网站上公布了亨氏、联合利华、麦当劳、可口可乐等 30 家企业生产的可能含有苏丹红的共 360 种产品清单。英国政府勒令召回所有相关食品，牵涉的食品规模与数量为历史之最。2007 年 1 月，英国食品标准局（FSA）委员会指派独立专责小组对本次事件的调查处置过程进行回顾评估，以期能从中吸取经验、做出改进，并促进在食物供应链的不同环节识别危险因素，达到预防的效果。评估工作对事故预防、事故处理、相互协作等方面进行了回顾总结，并结合食品行业协会有关代表、消费者、执法部门、有关党派等的意见，形成了回顾评估报告。

报告认为：在事故预防方面，一是充分到位的监测及早期预警是防止类似事故再次发生的关键；二是有效的溯源系统是防止供应链发生类似污染事

故的保证；三是食品行业应考虑本次事件更改其行业的 HACCP，并进行信息共享，以在早期识别供应商提供的原料中的非法添加物质；四是要充分发挥 FSA 在促进原料监管上的作用，增进与 EFSA 就新发风险进行沟通。

在事故处理方面，一是在负责类似本次事件风险评估及相关信息交流的部门一直没有定论的情况下由 FSA 负责，根据欧盟食品安全局（EFSA）的风险评估方法实施评估及有关交流；二是 FSA 权益人员负责就风险评估或风险管理的事宜与政府部门交涉，为便于就风险评估及应急处理交换意见，FSA 应尽可能保持措施实行的一致性；三是实验室检测能力及检测方法将成为将来重大食品安全事故的核心手段，FSA 应确保英国实验室的检测能力足以应付类似事件，并且与时俱进提高检测能力，另外，FSA 应为核心实验室建立一套标准程序以对新发污染事件的采样及检测分析方法进行确认；四是在事件发生后，FSA 专门成立一个工作组，负责指导食品安全事件的预防与应对，包括在重大事件开展时向专家组听取意见。对专家组何时及什么情况下被召集进行释疑，FSA 应对此负责，除小型安全事件外，专家组均应给予专业意见，同时 FSA 应于食品行业及执法部门进行联合演练以便及时应对可能发生的重大食品安全事件。

在信息交流方面，一是 FSA 与地方执法部门应继续与食品企业开展多渠道的交流，食品企业实行强制性登记并建立数据库以便信息互通；二是在苏丹红事件中，由于同时涉及贸易标准部门与环境卫生部门，导致地方与食品企业间信息交流出现问题，对于哪个部门牵头、FSA 应通过地方部门还是应直接与企业进行沟通、地方有关部门在向地方执法部门传递信息时的职能，以及在英联邦 4 个国家中应对食品安全事件的程序是否一致等问题缺乏共识，FSA 应与地方部门代表尽快协商形成简单透明且行之有效的应对程序；三是强调 FSA 通过媒体与公众及小型食品企业间进行交流是必不可少的；四是强调 FSA 尽量用简明易懂的语言加深公众对食品安全风险的认知。

在相互协作方面，指出 FSA 与地方执法部门尽管有现行的合作框架、协议，但实际工作中难以实施，因此 FSA、地方执法部门及相关代表间应努力改善合作关系，确保类似事件发生时能进行有效协作。报告指出，改进工作完成得越多，日后类似的食品安全事件得到预防的机会就越大，当出现食品安全事件时，各部门能以最大效率进行应对，并向公众公布风险危害。结合FSA、食品行业和地方执法部门各自不同的特点，该专责小组还提出应对食品安全事件时的建议，帮助进一步完善应对此类事件中的相关工作。

7.3 应急预案执行评价与修订

7.3.1 预案评价

在农产品质量安全突发事件应急处置结束后，及时对应急预案执行情况做出全面评价。评价内容包括：农产品质量安全风险监测、风险评估与预测预警是否科学有效；应急准备是否充分，日常管理制度是否健全；突发事件分级是否合理，评估事件核定是否恰当；应急处置指挥体系是否健全，职责任务是否明确、合理；突发事件报告是否通畅、及时与合乎程序及要求，信息采集、报送是否齐备，舆论监督、社会监督是否到位，是否存在瞒报、迟报、谎报的行为事实，突发事件部门通报、上报是否及时；突发事件评估是否科学，事件发展判断是否准确；分级响应是否及时，指挥协调是否高效，紧急处置是否到位；响应终止是否科学，善后处置是否合理；应急保障是否充分，信息保障、技术保障、物资保障是否存在缺陷与不足；应急演练是否充分，应急能力是否足够；总结评价是否科学、全面，报告报送是否及时；宣教培训是否到位，风险防范意识是否提高。

预案评价需要管理者、公众媒体、科学家、利益相关方共同参与，多渠道广泛征求公众意见。通过农产品质量安全应急预案执行评价，提出加强和改进农产品质量安全风险管理的政策建议。

7.3.2 预案修订

《国家农产品质量安全突发事件应急》规定：与农产品质量安全突发事件处置有关的法律法规和职能职责及相关内容做出调整时，要结合实际及时修订与完善本预案。根据突发事件应急处置效果评价，适时启动农产品质量安全突

发事件应急预案的修订，完善应急管理机制和应急配套措施，明确应急处置流程，制定决策与管理示意图等。鼓励省级农业行政主管部门根据工作需要，制订地方应急预案、细化应急预案配套规定。鼓励县级以上农业行政主管部门加强农产品质量安全突发事件应急演习演练，不断更新和完善应急预案。

应急预案的修订既要考虑农产品质量安全风险因素的动态变化与产业发展水平的变化，也要考虑突发事件应急处置实践效果、经验教训和技术改进、数据库与系统建设、物资与人员配置、机构职能调整等情况，要尽可能提高对风险的描述性、评估的科学性、程序的规范性、应急处置措施的可操作性。

一般来说，应急预案每 2 年左右修订一次。应急预案修订应成立预案修订小组，小组成员包括农产品质量安全应急部门行政人员，风险监测与评估人员，权威的新闻媒体，专业的法律顾问以及本领域内能够解答专业性问题的专家等。对紧急状态下农产品质量安全风险评估及应急能力进行综合评估，对修改的条款和措施要做出详细、明确的说明。修改后的应急预案草案经过评审评估、征求意见后，按程序报上级主管部门审核后公布实施。

7.4　管理绩效评价与机制优化

7.4.1　绩效评价

（1）应急管理绩效

政府的食品安全官员通常扮演“风险管理者”的角色[①]，SPS 协议中通常假设国家食品安全主管机构的官员为风险管理者。实际上，企业管理者与其他一些政府官员也常作为风险管理者。对于农产品质量安全来说，中国国家层面的风险管理者不仅指国家农业主管机构（国家农产品质量安全监管机构），也

① 风险管理者不仅对确保风险分析的实施负有全面责任，也担负着选择和实施食品安全控制的最终职责。一个国家的风险管理者不需要详细了解如何实施风险评估，但他们必须了解如何在需要时委托风险评估任务并追踪其实施的全过程，要了解风险评估的结果，据此做出正确的风险管理决策。风险管理者不必是风险交流的专家，但必须知道风险交流是怎样促进风险分析的成功实施，怎样确保在风险评估和管理的所有实施步骤中都有恰当而充分的风险交流。

包括国家食品药品监管局、质检总局等涉及农产品与食品安全监管的部门。

风险管理者（含国家、地方农业行政主管部门）应从应急措施有效性、危害程度可控性、应急处置时效性、资源配置合理性四个方面，对突发事件应急处置的绩效进行综合评价。绩效评价重点是成本与效率核算，包括经济成本、时间成本、物资成本、人力成本、管理成本。应急管理绩效评价应建立在应急处置分析评价与总结的基础上，做出综合性、整体性的评价。

评估和权衡管理绩效可能涉及经济、法律、环境、社会与政治等多方面的因素，是一项复杂的工作。在对可能的应急管理绩效进行经济评估时，风险管理者要考虑与管理成本和备选措施的可能影响与可行性，权衡的过程要有较高的开放度和公众参与程度。

(2) 常态管理绩效

常态化的农产品质量安全风险管理措施付诸实施后，也应该开展监控与效果评估，其目的在于确定选择和执行的方法措施是否确实达到预期的风险管理目标，是否带来其他非预期性结果。国家农业行政主管部门可根据工作需要，对各省（区、市）非紧急情况下的农产品质量安全管理绩效进行年度评价。从常态下农产品质量安全风险管理、监管投入、监测预警体系、农产品质量安全水平、突发事件发生率与应急处置能力等方面，开展年度管理绩效综合评价。

(3) 激励与责任

对在农产品质量安全突发事件应急处置、日常监管工作中有突出贡献或者成绩显著的单位、个人，给予表彰和奖励。对农产品质量安全突发事件应急处置工作和日常监管工作中有失职、渎职行为的单位或工作人员，根据情节，由其所在单位或上级机关给予处分；构成犯罪的，依法移送司法部门追究刑事责任。应当通过完善制度，明确农产品质量安全应急管理与日常管理权责归属、奖惩机制。

7.4.2 机制优化

通过绩效评价及横向比较、年度比较等，不断优化农产品质量安全监管机制和应急处置机制。如果绩效评价结果表明风险管理或应急处置措施具有预期

的有效性，则可考虑在全国范围内进行推广；如果绩效评价结果相反，则有必要提出改进常态化风险管理或应急管理措施的建议。有助于做出风险管理决策和交流策略的矩阵示例见表 7-1。

表 7-1　有助于做出风险管理决策和交流策略的矩阵示例

级别		备选管理措施	针对公众的风险交流选项
风险级别	低	考虑采取产品扣押/没收措施 考虑采取（批发、零售）产品召回措施	公众警示或公告 被动的交流方法
	中	产品扣押/没收 产品召回	主动公布（新闻稿）
	高	产品扣押/没收/销毁 产品召回 加强召回效果的监测 扩大调查其他可能涉及产品 与伙伴机构、医疗机构、技术专家开展合作 延伸到社区的行动（救助专线、社会服务）	加强交流、及时更新信息 主动公布（新闻稿、新闻发布会） 通过多种媒体（传统媒体、新媒体） 更新信息 通过热线、公开会议信息 建立双向交流机制

7.5　应急支撑体系评估与优化

7.5.1　能力评价

重大突发事件处置结束后，要对农产品质量安全应急支撑能力开展科学、客观的评价。农产品质量安全风险管理机构或应急管理部门可以通过自评或委托第三方评估机构，对突发事件中所反映出来的应急支撑能力开展评价，具体评价表见表 7-2。

支撑能力一级指标包括：组织管理能力、监测预警能力、应急响应能力、应急保障能力、评估恢复能力、人员行为能力、法制保障能力、标准检验能力、科普宣传能力。

支撑能力二级指标包括：指挥协调能力、执法应变能力、社会动员能力、风险研判能力、信息预警能力、舆情管理能力、早期处置能力、应急动员能力、队伍保障能力、资金保障能力、装备保障能力、物资保障能力、应急演练能力、评估改进能力、恢复重建能力、管理人员能力、技术人员能力、法规保障能力、预案管理能力、标准支撑能力、检测技术能力、科普教育能力、宣传引导能力。

表 7-2　农产品质量安全应急管理能力评价表①

一级指标	二级指标	三级指标
组织管理能力	指挥协调能力	指挥决策能力 综合协调能力 部门协作能力
	执法应变能力	行政执法能力 执行应变能力 执法调查能力
	社会动员能力	公众动员能力 志愿者组织能力
监测预警能力	风险研判能力	风险监测能力 信息收集能力 信息分析能力 风险识别能力 风险评估能力
	信息预警能力	信息报送能力 信息共享能力 风险预报能力 舆情监测能力 风险预警能力
应急响应能力	舆情管理能力	媒体应对能力 宣传引导能力
	早期处置能力	调查取证能力 风险排查能力

① 本表指标参考了国家食品药品监督管理总局高级研修学院和国家食品药品监督管理总局安全应急演练中心组织编写的《食品药品安全应急管理实践与探索》，知识产权出版社，2017 年 4 月出版。

表 7-2（续）

一级指标	二级指标	三级指标
应急响应能力	应急动员能力	应急联动能力 紧急物质调配能力 污染农产品的封存召回处置能力 事件现场的处置能力 产地调查能力 市场监控与管理能力 消费者调查能力 质量追溯能力
应急保障能力	队伍保障能力	应急队伍配置能力 应急队伍素质能力
	资金保障能力	财政支持能力 资金筹措能力 资金整合能力
	装备保障能力	应急装备配置能力 应急救援能力 检验检测装备能力 执法装备能力
	物资保障能力	应急物资调用能力 应急物资储备能力 后勤保障能力
	应急演练能力	应急规划能力 案例收集能力 应急培训能力 演练实施能力 演练改进能力
评估恢复能力	评估改进能力	事后调查与评估能力 考核评价与监督检查能力 应急总结与改进能力
	恢复重建能力	社会救助能力 医疗保障能力 产业保险能力 产业恢复能力

表 7-2（续）

一级指标	二级指标	三级指标
人员行为能力	管理人员能力	应急管理能力 沟通协调能力 舆情管理能力
	技术人员能力	风险评估能力 专业知识素养 职业道德素养
法制保障能力	法规保障能力	法律法规的制修订能力 技术法规的制修订能力
	预案管理能力	应急预案的制修订能力 应急管理制度制修订能力
标准检验能力	标准支撑能力	技术标准的制修订能力 技术标准的实施能力
	检测技术能力	检验检测技术能力 快速检测能力
科普宣传能力	科普教育能力	针对公众的科学知识普及能力 预防、预警与安全处置知识教育能力 针对农户的技术培训能力
	宣传引导能力	正面新闻引导能力 突发事件负面效应消减能力 农业绿色品牌宣传能力

支撑能力三级指标包括：指挥决策能力、综合协调能力、部门协作能力、行政执法能力、执行应变能力、执法调查能力、公众动员能力、志愿者组织能力、风险监测能力、信息收集能力、信息分析能力、风险识别能力、风险评估能力、信息报送能力、信息共享能力、风险预报能力、舆情监测能力、风险预警能力、媒体应对能力、宣传引导能力、调查取证能力、风险排查能力、应急联动能力、紧急物质调配能力、污染农产品的封存召回处置能力、事件现场的处置能力、产地调查能力、市场监控与管理能力、消费者调查能力、质量追溯能力、应急队伍配置能力、应急队伍素质能力、财政支持能力、资金筹措能力、资金整合能力、应急装备配置能力、应急救援能力、检验检测装备能力、执法装备能力、应急物资调用能力、应急物资储备能力、后勤保障能力、应急规划

能力、案例收集能力、应急培训能力、演练实施能力、演练改进能力、事后调查与评估能力、考核评价与监督检查能力、应急总结与改进能力、社会救助能力、医疗保障能力、产业保险能力、产业恢复能力、应急管理能力、沟通协调能力、舆情管理能力、风险评估能力、专业知识素养、职业道德素养、法律法规的制修订能力、技术法规的制修订能力、应急预案的制修订能力、应急管理制度制修订能力、技术标准的制修订能力、技术标准的实施能力、检验检测技术能力、快速检测能力、针对公众的科学知识普及能力、预防预警与安全处置知识教育能力、针对农户的技术培训能力、正面新闻引导能力、突发事件负面效应消减能力、农业绿色品牌宣传能力。

根据农产品质量安全突发事件应急支撑能力评估，提出针对性的改进建议。

7.5.2　体系评估

国家农产品质量安全体系要素包含内容见插文 7-3。定期综合评估或专题评估农产品质量安全风险监测预警体系、快速检测体系、技术支撑体系、应急组织指挥体系、应急物资保障体系、应急信息保障体系、人员保障体系等。科学评估农产品质量安全应急支撑体系与技术能力，加强突发事件发展演变规律的科学研究和预估，加强监测预警信息评估和共享机制研究。开展风险防范机制、应急准备机制、宣教培训机制、社会动员机制、风险监测机制、风险研判机制、信息报告机制、风险预警机制、部门（区域）合作机制、先期处置机制、快速评估机制、决策指挥机制、协调联动机制、信息发布机制、恢复重建机制、心理抚慰机制、调查评估机制、责任追究机制的评估。开展突发事件事前预防、应急准备的科学评估和风险评估技术、监测预警技术、应急决策技术、应急演练技术、应急管理平台的评价，提出应急支撑体系建设建议。其中，农产品质量安全应急宣教演练机制见图 7-2。

插文 7-3　国家农产品质量安全体系要素

农产品与食品安全法规

农产品与食品安全政策

农产品质量安全标准、技术规程

农产品质量安全监管制度、公众健康责任

科学能力与技术水平

风险评估与管理方法

监督和认证

检测、诊断与分析实验室

基础设施与能力

监控体系与能力

应急反应能力

培训

公共信息、教育与交流。

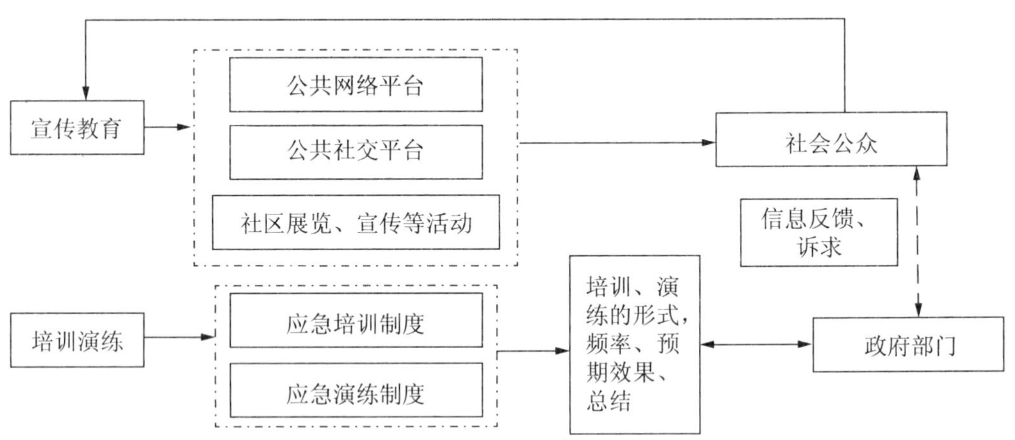

图 7-2　农产品质量安全应急宣教演练机制

应急支撑体系评价方法可遵循全面性、预期性、充分性、针对性等原则，具体包含内容见图 7-3。

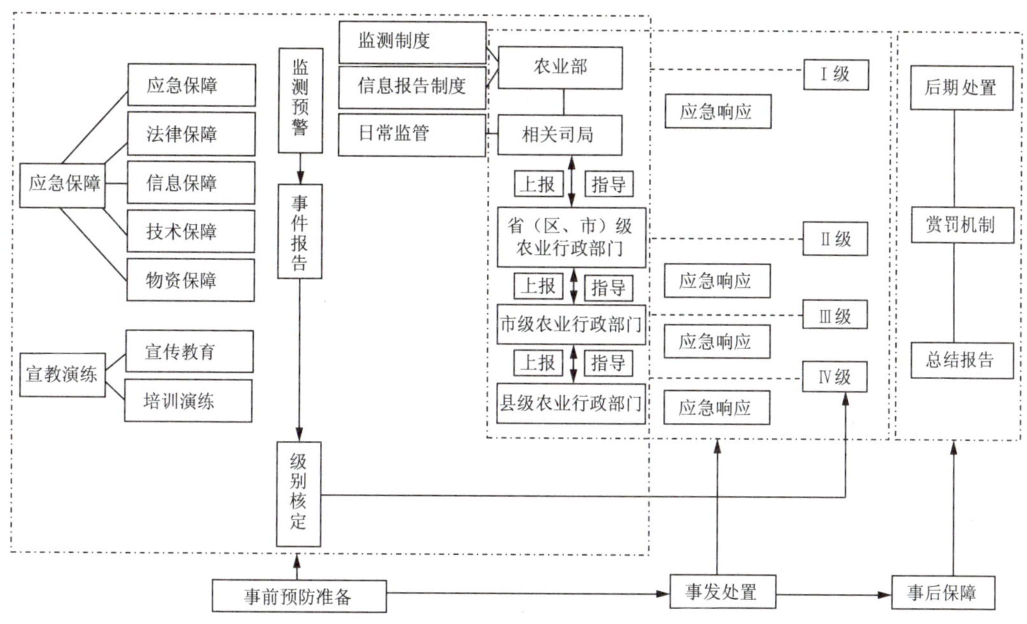

图 7-3　农产品质量安全应急支撑体系

7.5.3　体系优化

制定农产品质量安全应急支撑体系总体发展规划，提出体系建设资金需求和发展目标。重点优化农产品质量安全风险监测体系、预警体系、风险评估能力、应急物资保障体系、应急信息保障体系、人员保障体系建设。

组建农产品质量安全风险监测预警专业机构，构建官方监测预警与社会举报相结合的预警网络，配置稳定的专家咨询与顾问团队，提高监测预警信息评估智力支持能力。

7.6　法规政策实施评价与修订

7.6.1　法规修订

农产品质量安全管理趋势见插文 7-4。从全产业链风险管理需要和突发事件应急处置实践经验，全面梳理农产品质量安全监管法律法规体系，有针对性开展法律法规实施评价，提出修订建议。国家层面法律法规包括：《中华人民共和国农业法》《中华人民共和国渔业法》《中华人民共和国动物防疫法》《中华人民共和国畜牧法》《中华人民共和国农产品质量安全法》《中华人民共和国食品安全法》《中华人民共和国食品安全法实施条例》《中华人民共和国植物检疫条例》《中华人民共和国农药管理条例》《中华人民共和国兽药管理条例》《中华人民共和国饲料和饲料添加剂管理条例》《中华人民共和国农业转基因生物安全管理条例》《中华人民共和国乳品质量安全监督管理条例》《绿色食品标志管理办法》《农业标准化管理办法》《无公害农产品管理办法》《水产养殖质量安全管理规定》《农产品产地安全管理办法》《农产品包装与标识管理办法》《农产品质量安全检测机构考核办法》《农产品质量安全信息发布管理办法》《国务院关于地方改革完善食品药品监督管理体制的指导意见》《农业部食品药品监管总局关于加强食用农产品质量安全监督管理工作的意见》《食用农产品合格证管理办法（试行）》等法律法规和部门规章。地方法规包括各省级、地市级、县级农产品质量安全法规。

插文 7-4　农产品质量安全管理趋势

农产品质量安全标准制订坚持科学性原则

属地化管理原则

把质量安全的主要责任转移至生产者

坚持从农田到餐桌全产业链安全监管

推行标准化生产控制生产风险

确保政府行使安全管理职责的成本有效性和效率

增强消费者与公众在决策制定中的参与性

扩大农产品质量安全风险监测

建立质量溯源体系

采用部门协同合作机制

采用风险分析作为提高质量安全水平的基本原则。

法律法规的修订要综合考虑各地发展的差异性与平衡性、法律体系的完整性、衔接性与可操作性，也要考虑农业及关联产业发展的实际情况和质量安全

监管的实际需求，避免无法可依、有法难依的情况发生。鼓励地方政府制定出台符合地方需要的应急管理法规。

7.6.2　政策优化

农产品质量安全监管政策的制定要遵循依法行政原则、风险管理原则。政策的优化要在法律框架下体现针对性、实效性、可操作性和创新性。

7.7　标准规范实施评价与修订

7.7.1　标准评价

定期组织对农产品质量安全标准及实施开展评价，包括标准体系的完整性与合理性、标准结构的配套性与衔接性、产品标准的科学性与层次性、方法标准的先进性与可操作性、国内标准与国际标准的衔接性等。综合评价风险评估能力、标准制订的科学性与合理性、标准实施对现代农业发展与农产品质量安全的影响效应。

按照《深化标准化工作改革方案》（国发〔2015〕13 号），政府主导制定的标准由 6 类整合精简为 4 类，分别是强制性国家标准和推荐性国家标准、推荐性行业标准、推荐性地方标准；市场自主制定的标准分为团体标准和企业标准。政府主导制定的标准侧重于保基本，市场自主制定的标准侧重于提高竞争力。同时建立完善与新型标准体系配套的标准化管理体制。

（1）关于整合与精简强制性标准

在标准体系上，逐步将现行强制性国家标准、行业标准和地方标准整合为强制性国家标准。在标准范围上，将强制性国家标准严格限定在保障人身健康和生命财产安全、国家安全、生态环境安全和满足社会经济管理基本要求的范围之内。在标准管理上，国务院各有关部门负责强制性国家标准项目提出、组织起草、征求意见、技术审查、组织实施和监督；国务院标准化主管部门负责强制性国家标准的统一立项和编号，并按照世界贸易组织规则开展对外通报；

强制性国家标准由国务院批准发布或授权批准发布。强化依据强制性国家标准开展监督检查和行政执法。免费向社会公开强制性国家标准文本。建立强制性国家标准实施情况统计分析报告制度。

（2）关于优化推荐性标准

在标准体系上，进一步优化推荐性国家标准、行业标准、地方标准体系结构，推动向政府职责范围内的公益类标准过渡，逐步缩减现有推荐性标准的数量和规模。在标准范围上，合理界定各层级、各领域推荐性标准的制定范围，推荐性国家标准重点制定基础通用、与强制性国家标准配套的标准；推荐性行业标准重点制定本行业领域的重要产品、工程技术、服务和行业管理标准；推荐性地方标准可制定满足地方自然条件、民族风俗习惯的特殊技术要求。在标准管理上，国务院标准化主管部门、国务院各有关部门和地方政府标准化主管部门分别负责统筹管理推荐性国家标准、行业标准和地方标准制修订工作。充分运用信息化手段，建立制修订全过程信息公开和共享平台，强化制修订流程中的信息共享、社会监督和自查自纠，有效避免推荐性国家标准、行业标准、地方标准在立项、制定过程中的交叉重复矛盾。简化制修订程序，提高审批效率，缩短制修订周期。推动免费向社会公开公益类推荐性标准文本。建立标准实施信息反馈和评估机制，及时开展标准复审和维护更新，有效解决标准缺失滞后老化问题。

（3）关于培育发展团体标准

在标准制定主体上，鼓励具备相应能力的学会、协会、商会、联合会等社会组织和产业技术联盟协调相关市场主体共同制定满足市场和创新需要的标准，供市场自愿选用，增加标准的有效供给。在标准管理上，对团体标准不设行政许可，由社会组织和产业技术联盟自主制定发布，通过市场竞争优胜劣汰。国务院标准化主管部门会同国务院有关部门制定团体标准发展指导意见和标准化良好行为规范，对团体标准进行必要的规范、引导和监督。在工作推进上，选择市场化程度高、技术创新活跃、产品类标准较多的领域，先行开展团体标准试点工作。支持专利融入团体标准，推动技术进步。

（4）关于企业标准

企业根据需要自主制定、实施企业标准。鼓励企业制定高于国家标准、行

业标准、地方标准，具有竞争力的企业标准。建立企业产品和服务标准自我声明公开和监督制度，逐步取消政府对企业产品标准的备案管理，落实企业标准化主体责任。鼓励标准化专业机构对企业公开的标准开展比对和评价，强化社会监督。

7.7.2　标准修订

依据《国务院关于印发深化标准化工作改革方案的通知》《国家标准化体系建设发展规划（2016—2020 年）》等文件精神，及时制修订农产品质量安全标准，整合农产品质量安全强制性标准，优化农产品质量安全标准体系结构，建立支撑农业现代化发展和农产品质量安全监管的农业标准体系。

引发农产品质量安全突发事件的安全标准，如农业投入品残留限量标准属于强制性国家标准。要重点加强强制性农业国家标准的制修订，避免出现无标可依、无法可依的现象；加强产地生产技术规程的制修订与行业标准、团体标准、企业标准的完善。

7.7.3　标准实施

从突发事件中，评判农业标准化的实施情况，特别是对产地环境、农业投入品使用、生产记录、贮运条件、加工要求等技术规程的落实情况，提出改进意见或建议。欧盟食品安全局审查磷和磷盐的最大残留限量标准案例见插文 7-5。

插文 7-5　欧盟食品安全局审查磷和磷盐的最大残留限量标准

2015 年 12 月 4 日欧盟食品安全局（EFSA）审查了磷和磷盐的最大残留限量，提议修订其在部分商品中的残留限量。根据欧盟法规 396/2005 号第 12 条的规定，欧盟食品安全局对磷酸盐的残留限量进行了审查。为评估磷酸盐在植物、加工产品、轮作作物、牲畜中最人残留限量，欧盟食品安全局参考了 91/414/EEC 指令框架下的结论以及成员国报告的欧盟许可进口限量，在现行数据的基础之上，得出残留限量建议。最终提议修订磷和磷盐在豆类、茶叶、咖啡豆等商品中的最大残留限量。

7.8 检验检测与风险监测

7.8.1 检验检测体系评价

我国农产品质量安全检验检测体系建设始于20世纪80年代后期。1988年，农业部充分利用现有资源，依托中央和省属农业科研、教学、技术推广单位，利用其专业技术人员和实验条件，通过明确资格条件，实现授权认可和国家计量认证的方式，建设了第一批农产品质量安全检验检测机构。2006年，国家发改委批复《全国农产品质量检验检测体系建设规划》。“十一五”“十二五”期间，原农业部启动实施了两期农产品质检体系建设规划，共投资131亿元。截至2017年12月，共建立部、省、市、县4级农业质检机构3293个（部级242个、省级186个、地市级499个、县级2452个），有检测人员31951人、实验室面积276.04万m^2、仪器设备23.75万台（套），每年承担政府委托检测样品量841.36万个。近年农产品质量安全基层检测体系加快发展，检测能力得到全面提升，为推动农业综合执法提供了支撑。

中央、省级、县市级农产品质量安全管理机构要通过农产品质量安全突发事件与应急处置案例，定期开展对检验检测体系与能力评价，提出未来建设规划与能力提升的建议。

7.8.2 风险监测制度评价

从2000年实施“无公害食品行动计划”开始，原农业部在北京、天津、上海、深圳等试点城市开始对蔬菜质量安全和畜产品中“瘦肉精”污染实施例行监测。目前，我国农产品质量安全风险监测地域范围和安全参数上，都已经制度化、常态化。目前，农业部农产品质量安全风险监测范围涵盖全国31个省（区、市）155个大中城市5大类产品109个品种94项指标。每季度向社会公开发布农产品总体抽检合格率，蔬菜、水果、茶叶、水产品、畜禽产品、瘦肉精抽检合格率等指标。此外，原农业部通过给主管省长写信、绩效考核等方式，将抽检结果通报地方政府，督促有关地区加强监管，并开展专项整治，推进检

打联动，加大执法检查力度。

重点针对敏感度较高的农产品，开展风险监测评价；对突发事件原因于风险监测结果进行比对分析，核查监测薄弱环节；跟踪地方政府、生产主体对风险监测结果意见反馈的改进执行情况，提出改善风险监测制度、完善风险监测体系、提高风险监测效率的建议。

7.9　产业风险与公共安全评估

7.9.1　产业风险评估

重大农产品质量安全突发事件往往会对风险高的农产品产业造成沉重打击，甚至是毁灭性的影响。应急处置结束后，农业行政主管部门应组织相关部门、专家、企业家会商，或委托第三方评估该类农产品及关联产业的经济损失、市场效应、发展前景，特别是对特定产品产区的经济影响、对生产者的影响和对消费信心的影响进行评估，提出降低产业风险和恢复产业发展的政策措施与建议。

对农产品及关联产业的风险评估是一件极其复杂的事情，不仅涉及短期内的经济风险的评价，也涉及相关产业的可持续性评价。可持续性问题将面临巨大挑战，原因如下：考虑尺度的多样性，涉及学科的数量，不确定性，可持续性复杂鲜活农产品系统计算方法案例见插文 7-6。非均衡状态，复杂的定量和定性因素，规范性问题和数据有效性等。

插文 7-6　可持续性复杂鲜活农产品系统计算方法①

2016 年 2 月，法国科学家 Nathalie Perrot 和 Hugo De Vries 等在《Trends in Food Science & Technology》杂志上发表文章，对可持续性复杂鲜活农产品

① 引自《农产品质量安全风险评估》第 60 期。文献来源于：Nathalie Perrot，Hugo De Vries，et al. Some remarks on computational approaches towards sustainable complex agri-food systems. Trends in Food Science & Technology 48（2016）88-101.

系统的计算方法进行探讨。文章为借助于数学编程、一体化模型和决策支持工具进行研究创造了巨大机遇。同时，提出了包括整体分析方法、多尺度重建与优化等问题的计算观点，并对部分研究方向进行了探讨。文章形成了如下基于数学编程框架的研究问题：此框架如何控制不确定性？如何处理出于社会与环境考虑所必需的复杂的定性与定量信息？如何涵盖多样性的空间与时间尺度？如何在数据不足的情况下处理多变量的动态环境？此外，从物理学、生理学到社会学、伦理学，该框架如何处理不同的视角、模型类型、研究目标以及概念上不相交的科学学科产生的数据？文章认为，模型构建是必需的，但也是非常困难的；需要强有力的迭代交互，并结合计算集约方法、形式推理以及不同领域的专家人才。此外，研究人员建议对数学能力、人机交互学习与优化技术等多维度的未来研究方向加以更深层次的学习与借鉴。

7.9.2 公共安全评估

评估重大农产品质量安全突发事件对公共安全、公共卫生、生态安全等的影响，提出相关政策建议。重点是涉及量大面广的主要农产品质量安全重大突发事件进行公共安全评估，此外对于进出口贸易量大的农产品突发事件以及应急处置结果开展公共安全评估。

7.10 公信力与信用体系建设

7.10.1 公信力评价

公信力是指在社会公共生活中，公共权力面对时间差序、公众交往以及利益交换所表现出的一种公平、正义、效率、人道、责任的信任力。公信力既是一种社会系统信任，同时也是公共权威的真实表达。农产品质量安全公信力主要指政府公信力与媒体公信力，政府公信力包含公众对政府的信任和政府对公众的信用，其中政府信用是政府公信力的核心内容；媒体公信力是指新闻媒体

本身所具有的一种被社会公众所信赖的内在力量，是媒体自身内在品质和外在形象在社会公众心目中所占据的位置，是衡量媒体权威性、信誉度和社会影响力的标尺，也是媒体赢得受众信赖的能力。媒体公信力更多强调的是信息的接收者对信息/信源的主观判断，即传播者的可信度。在农产品质量安全管理中，政府公信力的高低，影响公众和消费者对政府行政监管能力的信赖；而媒体公信力的高低，决定其舆论影响力和突发事件影响效应。公信力无论是对于农产品质量安全监管者，还是对于生产者、媒体都非常重要。在生产者、消费者、媒体与管理者之间建立基于信赖、信任、公正的公信力，是通过法律约束与自律规范有效降低突发事件负面影响和管理成本的重要机制。

重大农产品质量安全突发事件发生与处置结束后，可委托第三方开展农产品质量安全公信力评价，重点是开展政府公信力评价，扩大农产品质量安全信息共享与风险交流，改善风险交流机制和策略，恢复和提升政府决策部门的公信力，树立政府监管部门与行业管理部门的正面形象，避免陷入“塔西佗陷阱”。必要时，政府可委托第三方开展媒体公信力评价，特别是对新媒体的评价和影响力。

农产品质量安全公信力评价内容包括：政府公信力评价、媒体公信力评价。政府公信力评价可通过公众对政府处置农产品质量安全事件的措施和行为进行满意度评价，及时发现政府应对公众事件的处置方式和交流措施的不足，提出改进建议。可通过调查、采访等方式，开展媒体公信力评价。媒体公信力评价可区分其国内公信力和国际公信力，以及不同性质媒体的公信力。如官方媒体和市场化媒体、全国性媒体和地方性媒体、传统媒体和新兴媒体。管理者应善于借助公信力较高的媒体的作用，加强突发事件的积极、正面引导。

7.10.2　信用体系建设

农产品质量安全信用体系主要包括政府信用、生产者信用和经销商信用。政府信用是社会组织和民众对政府信誉的一种主观评价或价值判断，是政府行政行为所产生的信誉和形象在社会组织和民众中所形成的一种心理反映，它包括民众对政府整体形象的认识、情感、态度、情绪、兴趣、期望和信念等，也体现出民众自愿地配合政府行政，减少政府的公共管理成本，以提高公共行政效率，是现代民主和法治条件下的责任政府的重要标识。在这里，生产者（经销商）信用主要指信誉，即生产者提供的农产品质量安全水平的合规性以及与其宣传的一致性。由于农产品从田间道餐桌产业链复杂，涉及的市场主体众多，农产品质量安全信用体系的建设是复杂的系统工程。

政府应优先在重点产品、重点环节，针对主要责任主体，建立农产品质量安全信用体系。既要借助现代信息技术如二维码等，建立质量追溯平台；也要发挥市场机制功能，建立完善农产品质量安全信用体系，充分发挥信用体系在农产品质量安全监管和风险管理中的作用。

本章主要参考文献

［1］王朸．农产品质量安全应急管理研究［D］．北京：中国农业科学院，2014.

［2］联合国粮食及农业组织．FAO/WHO 在食品安全应急中应用风险分析原则和程序的指南［M］．张磊，刘兆平译．北京：人民卫生出版社，2013.

［3］世界卫生组织，联合国粮食及农业组织．食品安全风险分析——国家食品安全管理机构应用指南［M］．樊永祥译．北京：人民卫生出版社，2008.

［4］罗炜，吴永宁．食品安全风险分析化学危害评估［M］．北京：中国质检出版社，中国标准出版社，2012.

［5］闪淳昌，薛澜．应急管理概论——理论与实践［M］．北京：高等教育出版社，2012.

［6］［美］乔治·D·哈岛，［美］琼·A·布洛克，［美］达蒙·P·科波拉．应急管理概论［M］．龚晶，等译．北京：知识产权出版社，2011.

［7］钱永忠，等．中国农产品质量安全政府管理研究［M］．北京：中国农业出版社，2008.

［8］王芳，等．农产品质量安全保障体系研究［M］．北京：中国农业出版社，2011.

［9］张永慧，吴永宁．食品安全事故应急处置与案例分析［M］．北京：中国质检出版社，中国标准出版社，2012.

［10］Nathalie Perrot，Hugo De Vries，et al. Some remarks on computational approaches towards sustainable complex agri-food systems［J］. Trends in Food Science & Technology，2016（48）：88-101.

[11] Md. Sazedul Hoque, Liesbeth Jacxsens, et al. Quantitative risk assessment for formalin treatment in fish preservation: food safety concern in local market of Bangladesh [J]. Procedia Food Science, 2016 (6): 151-158.

本章附录　缩略语表

英文缩写	英文全称	中文名称
ADI	Acceptable Daily Intake	日允许摄入量
AFSER	Agricultural Food Safety Emergency Response	农产品质量安全和食品安全应急
ALOP	Appropriate Level of Protection	适当保护水平
AOEL	Acceptable Operator Exposure Level	操作者允许接触水平
ARfD	Acute reference does	急性参考剂量
CDC	Centers for Disease Control	美国疾病控制与预防中心
DALYs	Disability Adjusted Life Years	伤残调整生命年
EFSA	Food Safety	食品安全
FAO	Food and Agriculture Organization of the United Nations	联合国粮农组织
FSA	Food Standards Agency	英国食品标准管理局
HACCP	Hazard Analysis Critical Control Points	危险分析与关键控制点
INFOSAN	The International Food Safety Authorities Network	国际食品安全当局网络
MRL	Maximum Residue Level	最大允许残留量
QRA	Quality and Reliability Assurance	质量可靠件保证
RA	Risk Analysis	风险分析
RMF	Risk Management Framework	风险管理框架
RASFF	Rapid Alert System for Food and Feed	食品和饲料快速警报系统
SPS	Sanitary and Phyto Sanitary (Measures)	卫生和植物检疫措施
SOP	Standard Operating Procedure	标准作业程序
TBT	Technical Barriers to Trade	技术性贸易壁垒
WHO	World Health Organization	世界卫生组织
WTO	World Trade Organization	世界贸易组织

第8章 国外农产品质量安全管理及应急分析

本章选取美国、日本、欧盟等发达国家和地区，剖析其在农产品质量安全应急管理方面的法律法规、组织体系、运行特点以及典型案例，供国内相关机构工作人员参考。

8.1 美国

美国作为当代应急管理体制建设中的典型代表，积极构建国家和地方完备的应急管理组织体系，坚持预防为主，以中央政府统一指挥协调，依靠建立灵敏的、以最基层为触角的突发事件响应体系、法律法规体系和快捷高效的运转机制，已经形成突发事件应对网络协作系统和运行模式。完善的应急管理体制和运行模式具有重大的借鉴意义。

8.1.1 “毒菠菜”事件

虽然美国的食品安全管理体系趋近完善，但由于食品尤其是农产品的特性，美国的食品安全事件依然时有发生，如2006年“毒菠菜”事件、2008年的“沙门氏菌”事件、2009年的“花生酱”事件，2011年还爆发了近20年最为严重的香瓜染李斯特菌疫情；美国每年发生的食品安全事件呈增长态势。2009年，美国成立食品安全工作组，专门负责审查和改进食品安全法律，以加强食品安全管理执法力度。2011年初奥巴马又签署了具有历史意义的《食品安全现代化法案》，随后美国食品药品管理局开始全面实施该项法案。

（1）事件背景

2006年9月6日，家住威斯康星州女孩卡罗琳因肚子疼腹泻入院，随后亦有多名民众因肚子疼痛、腹泻等症状入院治疗。11日，美国疾病控制与预防中

心（CDC）披露消息，威斯康星州暴发食源性疾病。13 日，相关机构初步确定致病菌存在于袋装菠菜中。此时，已有 50 人发病，1 人死亡，8 个州受到疫情影响。9 月 14 日，美国食品和药物管理局（FDA）发布公告，建议民众停止购买袋装菠菜；15 日，又将建议停止购买范围扩大到全部新鲜菠菜。9 月 18 日，美国食品和药物管理局（FDA）发布了全美范围内的第二次召回，此时，因为吃了被大肠杆菌污染的菠菜，已有一名美国妇女死亡，另外还有一百多人发病；而更令人关注的是，沾染病菌的菠菜也已运往加拿大和墨西哥。24 日宣布，美国 25 个州已报告出现因食用新鲜的生菠菜感染大肠杆菌的病例，共计 173 人染病，其中 92 人入院治疗，3 人死亡。9 月 29 日，FDA 新闻发布，所有受影响产品都退回到“自然选择”食品公司。此次可致命的 O157：H7 大肠杆菌感染波及美国 26 个州及加拿大部分地区，共造成 204 人发病，其中 104 人住院，31 人犯溶血性尿毒症综合症（HUS），3 人不幸死亡。

（2）应急处置

事件发生后，FDA 快速察觉到疾病的暴发并迅速进行追溯调查，过程中发现，部分患者还保留着标有公司名和标签号的袋装菠菜，最终证据表明，“自然选择”公司为 Dole 公司提供的袋装菠菜就是引发此次疫情的罪魁祸首。“自然选择”食品公司的数据显示，受污染的袋装嫩菠菜来源于 4 家农场，经调查甄别后，FDA 将调查范围缩小到其中一家，但当其追溯到受污染的农场时，“毒菠菜”的收割与加工工作已经进行将近一个月。此时，FDA 仍不能确切指出菠菜受污染途径，美国卫生专家经过半年的调查发现，菠菜被大肠杆菌污染事件的污染源头来自农场内的养牛场，调查人员在农场的河水、家畜粪便及野猪粪便的样本里发现了导致疾病的 O157：H7 大肠杆菌。

同年，9 月 14 日，美国食品和药物管理局（FDA）召开记者招待会和新闻发布会，建议民众停止购买袋装菠菜。9 月 15 日，将禁止购买建议扩大到新鲜菠菜，“自然选择”食品公司主动召回其全部产品。9 月 16 日和 17 日，进行零售商调查，并通过国税局、无约电话、公司名录进行调查和产品召回。9 月 18 日进行全美范围内的第 2 次召回，并调查加拿大的分销渠道。9 月 20 日、23 日分别进行了第 3 次、第 4 次和第 5 次召回。9 月 21 日，加拿大食品检验署发布了美国新鲜蔬菜进口边境观察报告。9 月 29 日，FDA 新闻发布，所有受影响产品都退回到自然选择食品公司。10 月 6 日，FDA 召开新闻发布会，全美范围内

第6次召回重新包装的产品。次年1月，有关农产品机构提出一系列强制性准则以保证食品安全标准的可信度。

8.1.2 美国农产品质量安全应急管理

(1) 相关法律法规

美国食品安全的法律法规主要包括两方面，一是由议会通过的法案，二是由权力机构根据议会的授权制定的规则和命令。美国的食品安全法律体系由基本法、技术法规、配套法规构成，与食品安全相关的法律法规有35部，既有《联邦食品、药品和化妆品法》(Federal Food, Drug, and Cosmetic Act, FFDCA)、《食品质量保护法》(The Food Quality Protection Act, FQPA) 和《公共卫生服务法》(Public Health Service Act, PHSA) 等综合性法规，也有《联邦肉类监督法》(Federal Meat Inspection Act, FMIA) 等涉及具体食品、药品的法律。这些法律覆盖了所有食品，为食品安全制定了非常具体的标准以及监管程序。《联邦食品、药品和化妆品法》是美国食品安全法律的核心，为美国食品安全管理提供了基本原则和框架。另外还有专业法律，如《联邦肉类监督法》《联邦禽类食品检验法》《蛋产品检查法案》《营养标签与教育法案》《联邦杀虫剂、杀真菌剂和灭鼠剂法》等。除了以上食品安全管理法律外，美国还有一系列程序性法规以规范立法程序，包括《行政程序法》《联邦顾问委员会法案》以及《自由信息法案》。

美国的应急法律框架主要由《斯坦福法案》(Robert T. Stafford Disaster Relief and Emergency Assistance Act)、《全国紧急状态法》(National Emergencies Act, NEA)、《国土安全法》(Homeland Security Act, HSA) 等法律构成。美国通过制定《全国突发事件管理系统》(National Incident Managent System, NIMS)、《国家应急框架》(National Response Framework) 等建立了全国共同的突发事件应对途径。在《国家应急框架》中，确立15个相互支持功能（系统），如交通运输、通信、资源支持、公共卫生与医疗服务、长期社区恢复等；8个支持附件，如财政管理、国际协调、后勤管理等；7个突发事件附件，如生物突发事件、灾难性突发事件、食品和农业突发事件等。

美国在制定食品安全事故应急管理法律法规时非常注重向公众和社会各界征集意见，同时还尊重专家的专业意见。除此之外美国国会制定的法令授予管

理机构很大的权利，在须强调新技术、新产品或公众的健康风险的时候，管理机构可以有一定的灵活性，在没有新的立法的情况下就可以对规章进行修订或修改，从而使管理机构能保持其研究方法和分析方法的先进性，以利于解决新出现的食品安全问题。

（2）组织体系

美国食品安全事故应急管理体系以“联邦一州一地方”三级体系为基本构架，三级监管机构的许多部门都聘用流行病学专家、微生物学家和食品科研人员等，从原料采集、生产、流通、销售和售后等各个环节进行全方位监管，构成覆盖全国的全方位、多层次、立体化和综合性的食品安全事故应急管理网络。

总体看来，职能整合、统一管理是美国食品安全监管的一个显著特征。在联邦层面，食品安全涉及的主要部门有美国健康与人类服务部（United States Department of Health and Human Services，HHS）所属的美国食品药品管理局（Foodand Drug Administration，FDA）、农业部（United States Department of Agriculture，USDA）所属的食品安全检验局（Food Safety and Inspection Service，FSIS）和动植物卫生检验局（Animaland Plant Health Inspection Service，APHIS）、美国环境保护局（Environment Protection Agency，EPA）及由以上部门组建而成的食源性疾病暴发应急响应协调小组（Foodborne Outbreak Response Coordinating Group，FORC-G）。FDA 负责美国国内销售的所有国产及进口食品（不包括肉类、禽类及蛋类加工制品，但包括带壳蛋类）、瓶装水以及酒精含量低于 7%的饮料的监督管理；USDA 在食品安全方面主要负责肉类、禽类及蛋类加工制品；EPA 负责农业投入品的监管。美国定型包装食品加工生产的监管主要由联邦政府负责，州政府主要负责辖区内的餐饮监管；但监管部门（如 FDA）负责培训州一级的监督员、派出签约监督员在州内实施检验，另外 FSIS 也会提供经费支持各州的食品监督项目。

同时，美国疾病预防控制中心（Centerfor Disease Controland Prevention，CDC）作为美国食品安全技术支撑机构，负责调查食源性疾病暴发的病源，维护全国食源性疾病的监测系统，发展和提倡预防食源性疾病的公共健康政策，进行研究以防止食源性疾病的发生及培训地方和各州的食品安全人员。为了协调众多的管理部门，制定全面的联邦食品安全综合战略计划，美国联邦政府于 1998 年成立了“总统食品安全管理委员会”来协调美国的食品安全工作。该委员会的成员由 USDA、商务部（United States Department of Commerce，USDC）、HHS、白宫管理与预算办公室（Office of Management and Budget，OMB）、环境保护局、白宫科学与技术政策办公室（Office of Science and Technology Policy，OSTP）等有关职能部门的负责人组成，委员会主席由农业部部长、卫生部部长、白宫科学与技术政策办公室主任共同担任。

零售食品行业（包括餐馆、面包店、食品超市、食品批发仓储库、生鲜食品加工厂、农贸市场、食品售货摊、临时食品摊贩、集体食堂、交易会和社区活动聚餐点等）环节的食品安全监管一般由县或市级相关行政部门负责，其具体的监管机构是县、郡、市政府卫生部门（卫生局）。

表 8-1　FDA 应急响应主要职责

机构	主要职责
FDA 各中心（CDER、CBER 等）	处理与各中心监管产品有关的紧急问题
法律咨询办公室（OCC）	提供法律咨询和服务
公共事务办公室（OPA）	信息发布
国际事务办公室（OIP）	国际协作
危机管理办公室（OCM）	制定危机管理政策，管理各应急响应机构
法规事务办公室（ORA）	地区活动的领导机构
应急运行中心（EOC）	作为应急响应行动中枢
安全运行、政策制定和计划办公室（OSOPP）	负责与其他政府机构沟通并指导应急物资的生产和储存
资源管理办公室（ORM）	根据紧急情况分配人员和物资
强制执行办公室（OE）	对违法行为采取强制措施
刑侦调查办公室（OCI）	与 FBI 联合调查犯罪行为
FDA 地区办公室	与州、地方和其他联邦机构协调支持应急响应行动
联邦-州关系分部（DSFR）	负责与州政府沟通
现场科学分部（DFS）	为 ORA 现场行动提供理论指导
进口运行和政策分部（DIOP）	监测和控制与应急有关的进口产品
现场调查分部（DFI）	为现场调查提供指导和援助

为了应对突发公共事件，美国各级政府的应急管理部门中，大多设有应急运行中心，以便发生灾难时相应部门人员进行指挥和协调活动。这些应急运行中心会根据突发事件的具体情况，依据美国《国家应急预案》应急支持职能附件中对协调机构、牵头机构和支持机构的规定，将各机构派出的应急人员或小组按其承担的应急支持职能编入事故指挥系统的组织结构中，各部门根据事故指挥系统采取应急响应行动。

FDA 的 EOC 根据突发事件具体情况，将各机构各中心派出人员安置到事故指挥系统中，依据事故指挥系统（Incident Command System，简称 ICS）采取应急响应行动。FDA 的 OCM 主任作为事故指挥系统的最高领导，为 EOC 应急响应提供战略指导，而 EOC 事故指挥官作为 EOC 的领导，为 EOC 职员应急响应提供信息，并与其他机构协调指挥应急运行。另外，EOC 事故指挥官还下设有中心应急协调员/中心应急联络员，FDA 外部联络员，其他机构联络员，现场协调员，地区应急协调员等职位负责应急工作的沟通和协调，FDA 应急响应主要职责及结构图，分别见表 8-1 和图 8-1。

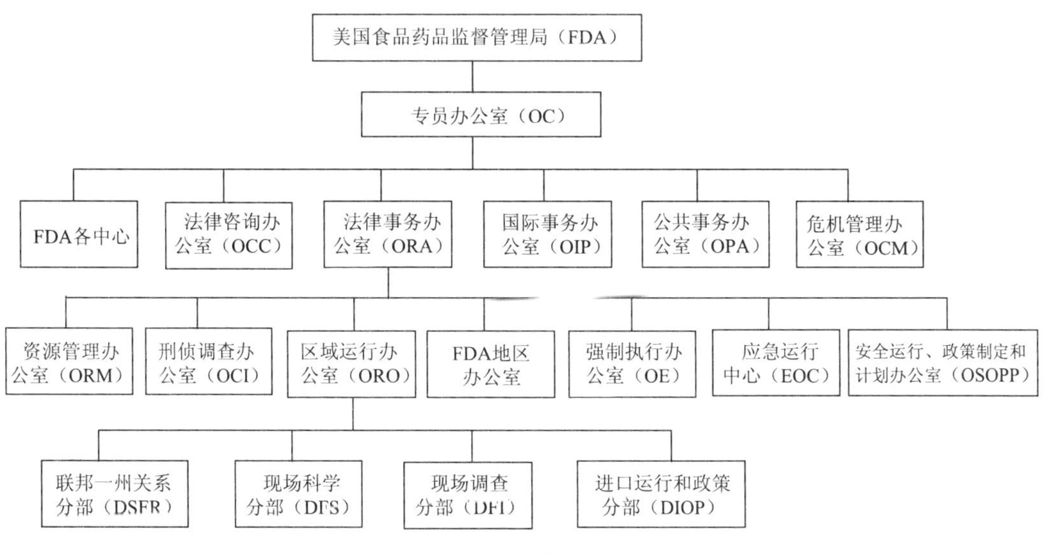

图 8-1　FDA 应急响应结构图

（3）运行机制

作为联邦制国家，美国各州都有独立的公共卫生应急系统。局限于某个州内的食品安全事故由州政府依据州立机制做出响应。当出现以下 3 种情形时，美国将启动联邦反应计划，由联邦政府统筹应急处理工作：一是州政府向联邦政府或总统申请援助；二是总统宣布发生全国性的突发事件；三是突发事件发生在有联邦政府直接管辖的区域内。联邦反应计划由美国国土安全部统筹管理，而食品安全事故的处理主要由美国健康与人类服务部（HHS）负责。在事件处理的过程中，HHS 除了要提供医疗专家和设备服务外，还必须确保与其他相关机构保持有效的合作状态。HHS 下设有 11 个分支机构和 16 个办公室，发生突发性公共卫生事件时，由预备及应急办公室成立管理工作组，负责制定应对计划和协调各机构之间的工作。HHS 下属的美国 CDC 负责监测人群健康状况、实施现场调研、检测分析样品、判断病因或事故原因。健康服务和健康自愿管理局负责提供医疗救助服务。另外，USDA 与 FDA 负责职责范围内相应食品的处置管理。除美国 CDC 发布的公共健康信息以外，由联邦反应计划设立的联合信息中心也会发布医疗和卫生响应的信息。

经过多年的积累，美国已经形成了一套相当完整的应急管理体系。这套体系建立在较为完善的法制基础上，将具体的危机应对计划、高效的应急协调机构、全面的危急应对网络包容其中。在某些紧急情况下，FDA 可能需要正式发布危急声明，以启动机构内相应的应急协调组。在预警和事件处理过程中，FDA 使用的术语有严格的限定，能够保证客观说明事件进展情况，又不造成社会的恐慌。

1）警报。当收到尚无法证实的风险信息时，如未经证实的疾病、伤害或未预期不良反应与某些 FDA 管理的产品有关，应该发出警报。

2）推定。经过分析、检查、调查研究等得到的信息足以证明问题的存在，这时在描述下列情况时就可能用到推定。

3）确认。通过实验室分析、现场调查、流行病学数据分析或综合分析，已经证实了问题的存在即为确认。而为了确认危急的存在，也可能从其他政府机构或其他来源获取可靠信息。

4）紧急调查终止。当不可能获得信息以证实紧急状况存在时，在警报或推定阶段就可能终止紧急调查。在对紧急状况的确认上，FDA 活动的广度与深度依赖于以下因素：①相关产品在各州的分布；②其他联邦、州或地方政府对应急控制付出的努力。当其他联邦、州或地方机构能更有效地处理紧急状况时，FDA 就会终止紧急调查，此时，专门应急工作小组也可能被 EOC 解散。

（4）应急管理特点

美国开始进行应急管理的时间都比较早，已经有比较丰富的管理经验，其应急管理主要有以下三方面特点：

1）多层次多维度的法律体系保障。应急管理工作要做到有法可依、有章可循就必须有健全的法律体系作为基础依据和基础保障。法制是应急管理体系的重要组成部分，是开展突发事件应对活动的依据和保障。从国家层面上，美国制定了统一的紧急状态法，并针对各种具体的紧急情况制定了各类单行法，或由行政机关制定紧急状态基本法的实施细则。纵向层级上，在不同的行政机构都设有相对应的规章制度或部门条例，以规范应急处置过程中的行为，应对各种状况。

2）完整合理的应急组织机构建设。应急管理的组织机构应该是一个由横向机构和纵向机构、政府机构与社会组织相结合的复杂系统，是应对突发事件过程中有力的组织保障，美国以总统为核心，以国土安全委员会和国家安全委员会为决策中枢，由国土安全部的联邦应急管理署（Federal Emergency Management Agency，FEMA）全权负责，多部委协同合作的应急管理组织解耦，并在纵向上建立一个有联邦、州、郡、市四级政府及社区等基层单位共同构成的职责分工明确、协调配合有力的应急管理组织体系，比较全面地覆盖了美国本土各领域的突发事件。

3）高效有序的应急管理机制。在健全的法制和体制保障下，美国的运行机制也值得借鉴，从应急管理响应阶段上分为预防与准备、监测预警、处置救援及恢复重建、风险评估五大块。在不同的环节，相关配套工作的支撑是十分重要的。仅从预防和准备阶段来看，美国就有宣教演练、应急准备、应急保障三大块，其中宣教演练包含日常应急管理宣传教育、突发事件后的信息沟通、应急管理教育培训体系及突发事件应急演练四部分。应急准备包括基层社区准备、私人部门准备。应急保障中包括应急资源管理、应急财力保障及应急技术支持。风险评估包含突发事件的监测和预测、应急管理能力评估及灾害损失预测和评估。完善的机制下无论在哪个环节都职权分明，有据可循。

8.2 日本

日本地处欧亚板块、菲律宾板块、太平洋板块交接处，处于太平洋环火山带，台风、地震、海啸、暴雨等各种灾害极为常见，是世界易遭自然灾害破坏的国家之一。在长期与灾难的对抗中，日本形成了一套较为完善的综合性防灾减灾对策机制。危机管理对于日本来说，是政府运作的常态，从20世纪90年代中期开始，日本政府重视国家危机管理，从简单的防灾管理转向综合性的危机管理，建立起了一套从中央到地方的完善的突发公共事件应急管理体系。

日本历来自称“卫生大国”，也是公认的世界上食品安全法律体系最完善、监管措施最严厉的国家之一。然而，即使是一向以安全、卫生、高品质食品而著称的日本也出现过农产品质量安全事故频发高发的时候。尤其是在20世纪50至60年代，是事故频发、消费者对国内农产品信心动摇的时期。经历了米糠油事件、低脂奶中毒事件、疯牛病等食品安全事件后，日本政府大力加强食品安全规制，优化应急机制，对消费者的消费信心起到了非常积极的作用。

8.2.1 “问题大米”事件

(1) 事件背景

2008年9月5日，日本米粉加工销售企业“三笠食品”公司，被发现非法倒卖残留农药超标和霉变的“非食用”大米。农林水产省随之公布对“问题大米”的调查情况：这些大米中含有超标的黄曲霉毒素及杀虫剂甲胺磷，是作为工业原料从国外购入的。当初，农水省曾与该公司签订合同，规定这些大米仅限于工业用途。现在发现，大阪、京都等地的粮食店及西酒造等酿酒企业购买了该大米。至此，“问题大米”事件曝光。据查，该公司在五六年前就开始从事这一非法买卖，甚至采用真假账本以掩盖事实，将进价为每公斤3~12日元（约合人民币1.8~7.3角）的非食用大米，以70日元的价格出售给一些酒厂。甚至还曾数次以同样手法将从农水省低价购买的“非食用米”伪装成“食用米”，贩卖给其他业主，以牟取暴利。农林水产省还查明，除“三笠食品”以外，从政府购买问题大米的“岛田化学工业”也存在非法倒卖行为。“问题大米”事件进入日本媒体、

民众视线，随着调查的深入，发现涉案公司越来越多，问题越来越严重。问题大米”案处理不当，农林水产大臣“引咎辞职，涉案代理商自杀谢罪。

（2）应对处置

2008 年 9 月 5 日，“问题大米”事件曝光。9 月 8 日，农林水产省查明，“问题大米”已流入茨城、千叶、静冈、岐阜、京都等 13 府县的 86 家公司，决定同步检查涉案的其他 18 家公司，并对从该省购买问题米的业者进行突击检查，部分烧酒厂家主动召回或停止销售产品。9 月 9 日，农林水产省举行记者说明会，勒令该公司支付千万日元违约金，然后再处以罚款。日本农林水产省曾经对这些大米进行过现场监测，但是没有发现工业米已经被当作使用米出售。事件曝光后，太田诚一在接受记者采访时说“这种大米对人体无害，不用大惊小怪。”2008 年 9 月 11 日，事务次官白须敏郎也称，“事故的责任在那些贪心的企业，农林省并没有责任。”两人的发言遭到了日本朝野两党的强烈批判，随后都发表道歉声明，宣布收回问题发言。9 月 19 日农林水产省大臣太田诚一引咎辞职。同日，事务次官白须敏郎也辞职。9 月 22 日，日本政府就“问题大米”事件发布救助支援措施和今后的预防对策。

首先，为补偿救济那些在不知是“问题大米”情况下购入的单位，日本政府除了将负担部分商品回收和废弃费用之外，还决定将对因营业额下降而影响经营的受害单位实施支援。现阶段对策除了负担部分回收费用外，还将对买卖“问题大米”的企业产品的安全展开免费检验。目前政府库存的 200 t“问题大米”将全部焚烧废弃。其次，作为今后的预防措施，规定如果进口大米在入关检疫时发现有问题，将立即返还给出口国。如果进口后大米在日本国内出现霉变等问题，将由政府负责焚烧废弃处理，不再出售给民间企业。

8.2.2　日本农产品质量安全应急管理

（1）相关法律法规

从 20 世纪 90 年代开始，日本开始建立综合性应急管理体系，突发公共卫生事件应急体系是整个防灾体系的重要组成部分。日本通过修订《关于预防感染症（疫情）与对感染症（疫情）患者医疗的法律》等一系列相关法律，从立法角度对应急事务形成了制度性的总体设计，建立了一套完整的应急法律体系。

在食品安全方面，日本的法律法规体系由基本法律和一系列专业、专门法律法规组成。《食品卫生法》和《食品安全基本法》是两大基本法律。日本早在1947年就制订了《食品卫生法》，由日本国会颁布，先后对《食品卫生法》进行了10多次的修改。该法是日本控制食品质量安全与卫生的最重要法典，并帮助改善公众的健康。2003年5月以保护公众健康为目的，确保食品安全的一部综合性法律《食品安全基本法》规定了确保食品安全的基本原则，制订了食品安全实施政策的基本方针，以及从“农田到餐桌”的全过程管理，明确了国家、地方以及食品相关企业者的责任和消费者的任务，在食品安全管理体系中引入了风险分析方法，在内阁府下成立食品安全委员会，并授权其进行风险评估，确保综合地保障食品安全。

2003年7月1日实施的《食品安全基本法》明确规定了政府的危机应急管理体制的相关内容。其中第14条明确规定：“在制定确保食品安全对策时，为了防止摄取食品对人的健康产生严重损害，必须建立应对紧急事态的体制和采取必要的措施”。并规定政府必须制定有关实施政策的基本事项，内阁总理大臣必须听取食品安全委员会的意见，制定基本事项的方案，必须经过内阁会议的决定。其中基本事项包括基本方针、紧急应对方式和预案、紧急信息沟通机制、成立“应急对策本部（指挥部）”。为了应对食品安全紧急事态的发生，2004年4月1日，国会两院通过了《食品安全相关省府紧急应对基本纲要》。该纲要将紧急事态定义为：因通过摄取食物给国民健康造成重大损害，或者可能发生重大损害时，为了确保食品的安全性而需要采取的紧急应对时态。2004年4月15日，食品安全委员会制定了《食品安全委员会紧急应对基本指针》。该指针确定了紧急应对的基本方针，完善了信息联络体制，确立了应对之策和收集信息的基本原则，以及食品影响健康评价、风险沟通、提供信息的基本机制。

（2）组织体系

日本的农产品质量安全管理由农林水产省和厚生劳动省负责、直接面向农产品的生产者、加工者、销售者和消费者。厚生劳动省与农林水产省则负责政策执行，食品委员会负责评价，3个部门相互牵制，日本应急管理组织机构见图8-2。

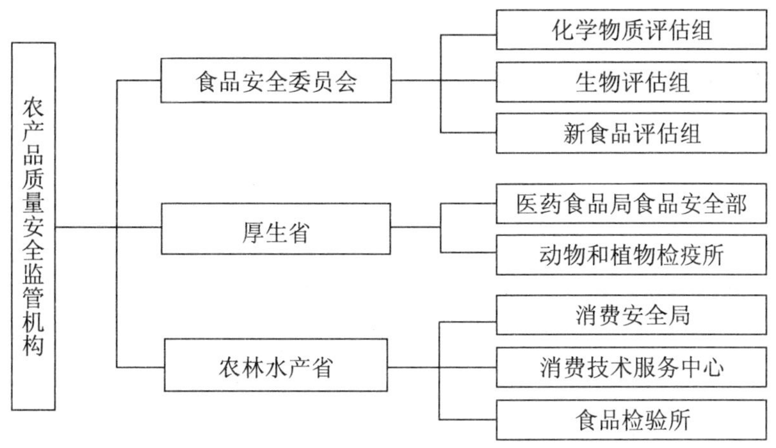

图 8-2　日本应急管理组织机构

1）食品安全委员会，2003 年 7 月，依据日本的《食品安全基本法》设立食品安全委员会，主要职责是承担食品安全风险评估、审议有关食品安全的重要政策、对风险管理部门（厚生劳动省、农林水产省等）进行政策指导、监督并协调二者职能，以及风险信息沟通与公开的直属内阁机构。该委员会的最高决策机构由毒理学、微生物学、公众卫生等领域的七位公认独立的专家组成，由国会批准任命，有向农林水产省、厚生劳动省提出建议，并对其进行监督和检查的权利。

食品安全委员会作为独立的机构负责将开展风险评估，提出相对应的管理性建议，处理突发事件。委员会下设的 3 个评估专家组：一是化学物质评估组，负责对食品添加剂、农药、动物用医药品、器具及容器包装、化学物质、污染物等的风险评估。二是生物评估组，负责对微生物、病毒、霉菌及自然毒素等的风险评估。三是新食品评估组，负责对转基因食品、新开发食品等的风险评估。委员会的“事务局”负责日常工作。

2）农林水产省，主要负责国内生鲜农产品及其粗加工产品在生产环节的质量安全管理；农药、兽药、化肥、饲料等农业投入品在生产、销售与使用环节的监督管理；进口农产品动、植物检验检疫；国产和进口粮食的质量安全性检查；国内农产品品质、标识认证和认证产品的监督管理；农产品加工中“危害分析与关键控制点”（HACCP）方法的推广；流通环节中批发市场、屠宰场的设施建设；农产品质量安全信息的搜集、沟通，消费者反映和信息的搜集及沟通等。

3）厚生劳动省，从公共卫生应急管理体系看，厚生劳动省是代表日本政府负责处理公共卫生事件的主管部门，对处理诸如传染病（疫情）等公共卫生突发事件担负直接领导职责。一旦出现疫情，厚生劳动省就可以通过颁布政府通知、政令的形式，实施紧急应对措施。厚生劳动省将原医药局改组为医药食品局，其下的食品安全部负责完成食品卫生安全监督管理工作，主要负责加工和流通环节农产品安全监督管理。包括制定食品中农药、兽药最高残留限量标准和加工食品卫生安全标准；对进口农产品和食品的安全检查；核准国内食品加工企业的经营许可；食物中毒事件的调查处理；流通环节食品（畜、水产品）的经营许可和依据《食品卫生法》进行监督执法以及食品安全情况的发布等。

农林水产省和厚生劳动省在职能上既有分工，也有合作，各有侧重。例如，农药、兽药残留限量标准的制定工作，两个部门共同完成。农林水产省主要负责生鲜农产品及其粗加工产品的安全性，侧重在这些农产品的生产和加工阶段；厚生劳动省负责其他食品及进口食品的安全性，侧重在这些食品的进口和流通阶段。在市场抽查方面，卫生部门负责执法监督抽查，对象是进口和国产农产品，其抽查结果可以对外公布，并作为处罚的依据；农业部门只抽检国产农产品，旨在调查分析农产品生产过程中的安全性和对 JAS 认证产品进行符合性检查，便于及时指导生产者生产优质安全的农产品，提高国产农产品的市场竞争力，增强消费者对农产品安全的信心，促进农产品的销售。

（3）运行机制

根据 2004 年 4 月 15 日日本制定的“日本食品安全相关部委紧急应对基本纲要”，日本食品安全应急管理确定的紧急事态主要分为以下三种类型，一是受害规模大而且区域范围广，需要食品安全委员会和危机管理机构（厚生劳动省、农林水产省、环境省以及其他从事确保食品安全的行政机构）之间进行应对调整的事件；二是发生因科学知识不充分的原因而引起的损害或有可能产生危险的事态；三是不符合上述两点，但是根据社会的反响，需要考虑紧急应对的事态。食品安全委员会应急管理机构相互保持着十分密切的联系，平时收集、整理和分析食品事故等受害信息，在紧急应对的时候，政府全体保持一致迅速并合理地进行纲要所规定的紧急应对，努力防止或控制对国民健康的不良影响。

食品安全管理委员会和危机管理机构，为了确保在紧急重大事件发生时整个政府保持一致行动和迅速启动，在平时设立各自的信息联络窗口，完善进行充分信息交换和联系的机制。信息联络窗口包括内阁府食品安全委员会事务局信息与紧急应对处、厚生劳动省医药食品局食品安全部企划信息处、农林水产省消费安全局总务处食品安全危机管理办公室和环境省环境管理局水环境部企划处。

紧急状况下的信息联络程序包括：

①食品安全委员会和危机管理机构当认识到紧急事态时，相互通过信息联络窗口进行第一通报。

②食品安全委员会和危机管理机构当收到关于紧急事态的第一通报时，各自根据所制定的紧急应对预案（食品安全委员会紧急应对基本指南、厚生劳动省紧急危机管理基本指南以及农林水产省食品安全紧急应对基本指南），迅速合理地建立信息联系和紧急应对需要的组织机构，并做出应对决策。

③当食品安全委员会认识到紧急事态或从危机管理机构那里收到关于紧急事态的第一通报时，在委员长认为必要的时候，迅速向食品安全主管大臣报告。食品安全主管部门在发生紧急事态时，根据食品安全委员会的报告或危机管理机构的请求，在认为需要由大臣级进行综合应对的情况下，与其他有关大臣以及食品安全委员会委员长进行紧急协商，决定成立紧急对策本部。在发生紧急事态时，认为需要政府全体进行综合应对的情况下，作为部委的司局级联席会议，可以召开“关于食品安全行政的相关部委联席会议”。

（4）应急管理特点

日本政府对农产品质量安全管理非常重视，从战后就开始着手农产品质量安全管理，至今已经有 50 多年的历史，多年的经验累积使之形成了一套行之有效的公共食品安全管理系统。

1）完善的食品安全法律法规体系，为了更好地保障食品质量安全，日本的相关法律法规体系由基本法律和一系列专业、专门法律法规组成，总共分为三个层次：一是《食品卫生法》《日本农业标准法（JAS）》《农药取缔法》等一系列针对食品链各环节的法律，法律的效力最高；二是《食品安全委员会令》《JAS 法实施令》等政令，是根据法律制定并由内阁批准通过；三是《食品卫生法实施规则》《关于乳及乳制品的成分标准省令》等省令，是根据法律和政令，由日本各省制定的法律性文件。不同层级不同效力，从不同的角度保障了食品的质量安全。总体上看，将“管理程序、规章制度和监管行为”融合在有关法律法规的执行过程中，是日本食品安全监管的主要特色。依据《食品卫生法》并配合科学的监管体制和有效的监管方法及手段，构成了日本目前食品安全监管的完整体系。日本通过法律法规体系的修订和完善，夯实了食品安全管理及应急管理的基础。

2）政府一体化应对机制，日本政府的一体化应对机制是《食品安全相关省府紧急应对基本纲要》和《食品安全委员会紧急应对基本指针》中提出的食品安全紧急应对的核心机制。其根本要求是食品安全委员会和风险管理机关在发生紧急事态时，作为一个整体性的政府机关能迅速执行紧急应对措施，从而避免各相关安全机构各自为政情况的发生。

同时，日本政府为了保障一体化应对机制的有效实施，制定了以下三种保障措施：一是完善信息联络体制，首先是完善委员会内部的信息联络体制，其次是完善与风险管理机关之间的信息联络体制，最后，还需要劝告宣传科和风险交流官可以通过各种媒介，将紧急事态的国内外信息迅速而准确地提供给广大国民。而信息应对科在风险管理机关的配合下，要确保信息的发布内容、时间和方式的科学有效。二是完善紧急应对决策实施体制，设立紧急应对本部。当紧急事态发生时，食品安全担当大臣基于食品安全委员会或风险管理机关的申请，与各相关大臣和食品安全委员会委员长一同决定实行紧急预案措施。在必要时，可以设立紧急应对本部来处理紧急事态。三是完善网络信息机制。紧急事态发生时，都道府县、相关实验研究机关、相关国家机关和团体可以直接或间接通过新闻机关和网络迅速收集到国内外食品危害信息以及如何确保食品安全的各种信息。

8.3 欧盟

欧盟作为世界第一大经济体，在食品安全管理方面，有着非常丰富的实践经验，各个成员国的贸易往来频繁，加上食品的特殊属性，使得食品安全事件时有发生，面对这种情况，欧盟以透明的信息化管理模式为基础，建立了完善

的信息交流及组织协调机制，将许多风险危害降到了最低。尤其是 RASFF 系统的运行不仅对于欧盟内部食品安全风险管控起到了非常积极的作用，该系统也逐渐成为世界各国研究效仿的经典信息化系统。

8.3.1　鸡蛋氟虫腈污染事件

（1）事件背景

氟虫腈是一种苯基吡唑类广谱农药杀虫剂，被世界卫生组织列为“对人类有中度毒性”的化学品。欧盟自 2014 年起法律规定，氟虫腈不得用于人类食品产业链中的畜禽。荷兰是欧洲最大的鸡蛋生产国，每年出产鸡蛋多达 110 亿枚，65%用于出口。

2017 年 6 月初，比利时发现从荷兰进口的鸡蛋含有氟虫腈。随后，比利时通过欧盟食品饲料快速预警系统（RASFF）通知荷兰展开调查。2017 年 7 月，荷兰通过实验室采样检测确认该国 147 家农场鸡蛋含有氟虫腈。随即荷兰 NVWA 启动了公共预警机制，警告消费者不要食用含有氟虫腈污染的鸡蛋，并公布相关公司和鸡蛋编码。

因荷兰是欧洲禽类产品主要出口国，该事件持续发酵。2017 年 8 月，欧盟宣布，欧洲受氟虫腈污染的鸡蛋主要源于比利时、法国、德国和荷兰等四国，部分已经流入中国香港和欧洲 16 国。随后欧盟和世界各国对鸡蛋中的氟虫腈进行了全面的监控和监测，受到氟虫腈污染的蛋品企业被关闭，相关蛋品贸易被暂停，零售商相关产品下架。

至 2017 年 9 月份，在欧盟各国主管部门严密监控下，受氟虫腈污染的最后一批鸡蛋的已过有效期，荷兰 NVWA 也在网站上发布撤销最后一批受污染鸡蛋的编码。该事件逐渐平息。荷兰禽类养殖协会宣称 138 家荷兰养殖场已经被关闭，约有 30 万只蛋鸡被宰杀，估计损失达几百万欧元。

（2）应对处置

事件发生后，欧盟委员会与成员国加强协作和沟通，主要采取了以下处理措施。一是积极应对，充分交流信息。比利时发现事件后，及时通过欧盟食品和饲料快速预警系统（RASFF）发布消息，通告荷兰食品安全监管机构 NVWA。后者迅速对事件展开排查和溯源，并迅速交换分享相关信息。二是迅速开展样品监测，明确问题源头。确定问题的产生源头，为及时消除事件影响起到了关键的作用。事件发生后，荷兰、比利时等欧盟国家针对相关禽蛋生产企业和供应商，迅速开展鸡蛋、鸡肉和饲料等相关产品的抽查和检测，相关实验室在很短时间内确定了氟虫腈的存在及来源，为有效控制受污染鸡蛋继续流通提供了强有力的技术支撑。三是利用追溯系统，锁定问题产品。根据欧盟法规，欧盟范围内销售的鸡蛋可通过独特的数字号码溯源，为受波及国家召回或下架数以百万计的问题鸡蛋提供了条件，消费者也可以通过荷兰披露的问题鸡蛋编号对购买的产品进行排查，从而为准确召回和消除事件的影响奠定了基础。

8.3.2 马肉事件

（1）事件背景

2013年1月爱尔兰食品安全管理机构在食品例行抽查时，在冷冻牛肉汉堡里发现了马肉。之后，英国于2013年2月8日向欧盟食物及卫生事务委员会通报，一家英国公司（英国Findus）出售一家法国公司（Comigel-Tavola Luxembourg）供应的牛肉千层面，测试结果显示含有80%~100%的马肉。此消息一经传出，相关肉制品下架，风波迅速波及英国、法国、德国、葡萄牙等十多个欧盟国家，“挂牛头卖马肉”成了全球热门话题。随着检查与调查的深入，在乐购、汉堡王、芬达斯、雀巢等多家公司的肉制品中发现马肉成分。根据调查，马肉事件的爆发与2012年底罗马尼亚开始禁止马车上路，导致大量的马匹被送进屠宰场有关。罗马尼亚将屠宰后的马肉出口到塞浦路斯和荷兰，再由塞浦路斯和荷兰的经销商转售给法国南部一家名为斯潘盖罗的公司。法国政府的调查认定正是斯潘盖罗公司用偷换标签的手法将马肉变为牛肉，将马肉标签换成“欧盟原产牛肉”标签。而斯潘盖罗公司则称收到这些肉类制品后，仅仅根据随附文件更换了标签，但这些随附文件并没有标明是马肉。斯潘盖洛公司将这些所谓的“牛肉”又出售给一家中间商，再由中间商出售给法国加工企业可米吉尔，这些所谓的“牛肉”随后销售给各欧盟国家的家分销商。可以看出，一块马肉经历多次转手，才最终被当作牛肉摆上消费者的餐桌，如此复杂的食品加工流程，导致马肉在未上市销售之前，可能已经环游了欧洲几个国家。肉制品产业已经成为规模庞大的跨国产业，消费者已经与所食的肉制品的来源脱节。

经分析，出现马肉事件的主要原因包括两方面。一方面，在某些国家马肉比

牛肉价格便宜很多，不法厂商为了追逐利润铤而走险，这是发生马肉事件的内在原因；另一方面，大集团、大超市实行高度工业化的生产加工及销售流程，本应该更加注重保障食品安全，但为了获取更高额的利润、降低生产成本，这些大企业降低了对食品安全的检测标准和力度则是引起该丑闻的另一个重要原因。

（2）应对处置

2013 年 2 月 13 日，欧盟委员会在布鲁塞尔召开紧急部长会议，商讨“马肉事件”对策，与会成员包括英国、法国、德国、爱尔兰等受影响国家负责农业和消费者事务的主要官员。欧盟负责卫生与消费者事务的委员托尼奥·博格（Tonio Borg）在 2013 年 3 月初做了初步回应，宣布了一个五点行动计划，提供了一份短期、中期和长期行动的清单（表 8-2）。目的是解决欧洲食品供应链丑闻之后出现的缺陷，无论是适用于不同环节的规则还是执行这些规则的控制体系。

表 8-2　欧盟解决马肉事件所采取的行动

确定的问题	设想的行动	进度
1. 食品掺假	绘制现有的工具和机制来打击食品欺诈，以发展主管当局之间的协同作用和联系	完成
	确保在可能构成欺诈的违规行为（类似于 RASFF 为严重风险所做的事情）中迅速交换信息和提醒的程序	进行中
2. 测试程序	评估和介绍正在进行的 DNA 监测的结果，并在必要时采取适当的后续措施	完成
	评估和介绍持续监测马肉中苯基丁氮酮残留的结果，并在必要时采取适当的后续措施	完成
	在 EFSA 和 EMA 于 2013 年 4 月 15 日之前交付一份有关肉类中保泰松的风险的联合声明之后，考虑采取适当的后续措施	完成
3. 马护照	会员国报告执行联盟马护照规则的措施（委员会法规 504/2008）：马匹识别规则以及为防止来自不明马匹的肉类进入食物链而采取的措施，特别是通过验证施用保泰松后如何处理马匹的护照；在有迹象表明可能存在不合规情况的情况下，有义务定期进行官方控制，并提高控制水平（如本案例）	完成
	向食物链和动物卫生常务委员会（SCoFCAH）提交一份草案，修改委员会法规 504/2008，以便根据动物健康和畜牧法规，强制在中央国家数据库中记录马护照	完成
	将马护照的签发全部转交主管部门，从而减少即将提出的动物饲养方案中护照发放机构的数量	动物卫生法和生态立法考虑中

表 8-2（续）

确定的问题	设想的行动	进度
4. 官方控制，执行和处罚	在即将进行的“官方管制条例”（第 882/2004 号条例）要求的审查中提出如下建议： a. 对有意违反食物链法的行为实施罚款，罚款高于欺诈行为所预期的经济收益，达到充分劝阻的程度；b. 会员国在其控制计划中加入定期对违反食品欺诈行为进行强制性的未经宣布的官方控制（包括检查和测试）；c. 委员会可以在特定情况下施加（不仅推荐）协调的测试程序，特别是在发生欺诈的情况下	完成
	由食品和兽医办公室（FVO）编制马肉卫生概况报告	完成
5. 原产地标签	通过食品法典委员会关于可能扩大用作食品成分的所有类型肉类的强制性产地标签的报告。根据这份报告，继续采取必要的后续行动	完成
	根据消费者食品信息管理办法，实施羊，羊，猪，禽未加工肉类强制性产地标识的实施细则	完成
	根据食品信息管理条例的规定，采取实施细则，防止误导性地使用食品中的自愿标签	正在进行
	根据“向食品消费者提供食品信息条例”，通过食品法典委员会的报告，可能将强制性原产地标签扩展到： 未经强制性原产地标签规定的未经加工的肉类，如马，兔，野味肉等；牛奶；牛奶作为乳制品的成分；单一成分的食物；未加工的食物；代表 50%以上食物的成分	正在进行（根据立法在 2014 年 12 月前提交最终报告）

8.3.3 欧盟农产品质量安全应急管理

(1) 相关法律法规

欧盟作为世界第一大食品和酒类生产者，其农业生产一直在经济活动中占有重要地位，共同农业政策也一直是其建设单一市场的重要手段。为了从根本上消除各种动、植物疫情的不利影响，重塑消费者的信心，欧盟一直以来都十分重视农产品的质量安全管理，以期给予消费者高质量的农产品，保障其基本权益。欧盟的食品安全立法一直走在世界前列，并将食品安全作为欧盟食品法的主要目标。严格的法律规章是欧盟食品安全体系的基础。欧盟以 1997 年发布的《食品法律绿皮书》为框架，于 2000 年发布了《食物安全白皮书》，把食品

安全作为欧盟食品法的主要目标，列出 80 余项保证食品安全的重点措施，涵盖食品安全政策、食品法律法规、食品管理体制、食品安全国际合作等内容；2002 年经过修订后的欧盟《通用食品法》首次将食品法作为欧盟法律的组成部分，为欧盟食品和饲料方面的统一立法奠定了基础；2006 年 1 月 1 日起，欧盟正式实施新的《欧盟食品及饲料安全管理法》。至此，欧盟关于食品安全方面的法律已有 20 余部，同时还有 13 类 170 余个有关食品安全的法规标准，组成了严格的法律法规体系。在欧盟的食品安全法律下，各成员国根据实际情况修订各自的法规，以适应欧盟要求。

（2）组织体系

欧盟各国都有自己相对独立的应急管理组织构架，不同的国家由于经济社会背景不同，在机构的执行和实施措施方面都具有一定的差异性。为了方便欧盟的统一监督监管，使欧盟的食品安全政策和措施在各个国家都得以贯彻执行，欧盟委员会建议建立一个国际性的控制与监督系统，对各成员国的食品生产链中的各个环节进行监督控制，这一系统包括欧洲食品安全局、欧盟食品与兽医办公室。

1）欧洲食品安全局（EFSA），作为欧盟食品安全事故应急管理体系的核心组成部分，欧洲食品安全局（EFSA）是欧洲食品安全事故应急常态化的管理机构。同时，欧洲理事会与议会的规则明确规定，欧洲食品安全局常态下应从事有关科学研究，搜集、整理、处理有关的信息，应欧盟有关机构和成员国的要求就一切与其职责相关的问题提出意见与建议，建立并完善必要的网络系统与组织体系，向公众提供及时、可信、客观的信息。在发生食品安全事故时，食品安全局应向欧盟的有关机构、成员国提供决策咨询，并在必要时为委员会提供技术援助。充分体现了对决策咨询作用的高度重视。

它的主要工作包括：一是风险评估工作。由 9 个科学小组分别从事 9 个领域的风险评估工作，这 9 个领域分别是食品添加剂、调味料、加工助剂和接触性材料的风险评估，动物健康和福利的风险评估，生物危害物的风险评估，食品链中污染物的风险评估，动物饲料以及动物饲料中的添加剂和代替物的风险评估，转基因食品的风险评估，饮食、营养物和过敏物的风险评估，植物保护产品的风险评估，植物卫生的风险评估。二是科学合作工作。主要是与各成员国之间的合作，进行数据的收集，对存在的风险和评估方法的合作与交流；三是对外信息交流工作。包括对媒体的信息发布工作，向公众公布相关信息和相关事件的工作，网络发布等工作；四是机构内部的行政工作。如人事、会计、财政、法律事务等工作。欧洲食品安全局（EFSA）由管理委员会、行政主任、咨询论坛、科学委员会和8个专门科学小组组成。具体职责如表8-3。

表8-3 欧盟食品安全管理局组成机构及其职责

组成机构	职责
管理委员会	确定食品安全局人员结构并负责选拔录用
咨询论坛	向行政主任提供支援，确保建立一个与各国科研机构相联的高效率网络，作为交流有关潜在风险信息和积累知识的一种机制
专门科学小组	由独立的科学专家组成，管理委员会负责依据竞争能力、知识面、独立性和经历情况，对公开招聘的人员进行选拔和任命，被任命的科学家不属于欧盟食品安全局的雇员
科学委员会	负责必要的总体协调，确保各个专门科学小组的意见保持一致

2）食品和兽医办公室，为了对立法的执行情况进行有效的监督，欧盟实行各成员国和欧盟两级监控的制度，该制度已有30年的历史。欧盟委员会指定食品和兽医办公室负责监督各成员国执行欧盟相关立法的情况及第三国进口到欧盟的食品安全情况。该办公室归欧委会的健康和消费者部门管辖。经1999年改革后，它的监督范围不只局限于家畜类动物有关的食品，而是随着立法的不断发展，食品和兽医办公室的监督权限也将不断发展。首先它的监督范围将扩大到食品生产的每个过程：从农田到餐桌，如对饲料和非动物源食品，甚至对有的收费标准也要监督。它可以用听证会和现场调查的方式对成员国和第三国进行调查。并将结果、意见报告给相关各国、欧盟委员会和公众。每年该办公室都有激化地到相关国家进行实地考察。其次，成员国和欧盟两级监控的合作将进一步得到统一、协调发展。为健全欧盟框架下的成员国监控体系，在欧盟法规中将明确合作的内容及各方面的权限，加强欧盟监督机关的指导作用和对系统内的管理作用，并确立长期发展计划，加强信息交流工作。

（3）运行机制

欧盟成立初期，就对食品安全的风险管理策略做出了较高标准的要求。自1979年欧洲建立食品安全快速预警系统起，一直记录着欧盟各国为确保食品安

全采取的措施，并向其他成员国通报信息。2000 年 1 月 12 日，欧盟委员会发表了《食品安全白皮书》，针对近年来欧洲食品危机及欧盟食品安全管理中的漏洞，分析了原有的食品安全快速预警系统存在的缺陷，并提出对食品安全卫生制度进行改革，建立新的食品和饲料快速预警系统，及时公布食品安全突发情况、确保消费者与贸易组织获得适当的信息，加强与其他国家的信息沟通，同时明确不同主体所应承担的义务。2002 年 1 月 28 日，欧盟理事会和欧洲议会正式通过了 EC/178/2002 号规定。规定中指明建立欧洲食品安全局（European Food Safety Authority，EFSA），并指出“目前的食品危害已证实需建立一套包括食品和饲料在内的更加进步和广泛的快速预警系统”，明确了新的食品和饲料快速预警系统（Rapid Alert System of Food and Feed，RASFF）的组成、目标、程序和责任范围。

RASFF 是一个基于信息传递网络的预警体系，包括欧盟委员会、欧盟委员会健康与消费者保护总司、欧洲食品安全局、欧洲自由贸易协会监督局、欧盟成员国相应的食品安全管理部门、以及欧洲自由贸易协会（EFTA）中加入欧洲经济区域协定（EEA）的三个成员国的食品安全管理部门。其目的是畅通有关食品安全的信息交流，及时提供给食品安全管理部门，以采取措施确保食品安全。

根据危害风险的严重和紧急程度 RASFF 系统将信息分成两类：即警示通报和信息通报。警示通报是当发现市场上销售的食品或饲料存在风险，并必须立即采取相应行动时发出的。信息通报表示食品或饲料的风险已经确定，但信息网络中的其他成员国不必立即采取措施，因为此类产品尚未到达其市场。除了上述两种信息，RASFF 还发布“新闻通报”，包括没有被成员国定为警示或信息通报，但受到食品饲料管理机构关注的，任何与食品和饲料安全相关的信息。RASFF 系统每周发布一期通报，及时迅速地公布上一周各成员发出的通报信息。一般的，每周通报由 4 部分组成：上一周接收到的警示通报、信息通报、对以前通报的更正和对以前通报的撤销。每年，欧委会制作一份详细的年度分析报告，对一年来的通报情况和数据进行汇总分析。年度报告不强调时效性，而更侧重于分析、比较，从年度报告中可以看出食品领域贸易的趋势、食品安全的发展动向等有价值的信息，为欧盟有关食品安全的决策提供参考和依据。

（4）应急管理特点

从德国 EHEC 感染暴发疫情中看出，欧盟各国在疫情流行病学调查、溯源调查、实验室检测、风险评估、信息交流与控制处理方面开展并完成了大量的工作。全面审视疫情发生发展和应对全过程，可以说，调查方面精益求精，控制方面依靠科学、信息通畅、以人为本，运作方面团队协作，有效利用信息数据，为食源性疾病暴发应对提供了一个全面的范例。其主要特点如下：

1）预防为主的先进预警理念，欧盟十分重视整个食物链的综合管理，并且将风险的理念引入到应急管理领域中，强调预防为主的重要性，不断加强相应农产品安全预警与快速反应体系建设，通过快速预警系统实现风险管理。注重风险信息的获取，并通过科学的评估和分析，以独立的信息交流咨询体系为依托，加强预警信息的管理，使得许多突发事件遏制在源头。

2）健全的法律体系保障，1997 年，欧盟发布了《食品法律绿皮书》，三年后，欧盟又发布了《食物安全白皮书》；2002 年欧盟又通过发布《通用食品法》将食品法加入欧盟法律大体系中；其后，2006 年 1 月，欧盟有正式颁布实施了新的《欧盟食品及饲料安全管理法》。至此，20 余部关于食品安全方面的法律、13 类 170 余个有关食品安全的法规标准为欧盟食品安全管理提供了健全的法律保障。

3）多部门联动的配合机制，应急管理体系的运行不仅包括信息的收集、提供、传递、评估、发布、跟踪和反馈等，还需要得到了多部门、各个成员国的协调统一配合。RASFF 系统对异常健康事件具有高度敏感性，采取多部门的联动配合，迅速判断疫情持续发展的主要原因，并立即启动调查。欧盟委员会、健康和消费者保护总司、欧洲食品安全局等部门机构联动配合是欧盟应急管理的基本保障。

4）国际、各部门间密切合作，应急管理中应重视国际间合作，联合多国力量协同开展暴发疫情调查处理。受疫情影响的国家间建立通畅的沟通交流，并及时建立与有关国际组织的交流，建立突发病例日报告制度。例如，多国针对病原体揭示及其特征研究建立合作并首次运用新型快速基因测序技术，展示了国际合作的成功范例，也展示了新型技术在应对未知病原体所致大规模疾病暴发中的重要作用，为应对全球性的重大突发公共卫生事件提供了全新的思路。